燃焼工学

現象から学ぶ

田坂 英紀 著

森北出版株式会社

● 本書のサポート情報をホームページに掲載する場合があります．下記のアドレスにアクセスし，ご確認ください．

http://www.morikita.co.jp/support/

● 本書の内容に関するご質問は，森北出版 出版部「(書名を明記)」係宛に書面にて，もしくは下記のe-mailアドレスまでお願いします．なお，電話でのご質問には応じかねますので，あらかじめご了承ください．

editor@morikita.co.jp

● 本書により得られた情報の使用から生じるいかなる損害についても，当社および本書の著者は責任を負わないものとします．

■ 本書に記載している製品名，商標および登録商標は，各権利者に帰属します．

■ 本書を無断で複写複製（電子化を含む）することは，著作権法上での例外を除き，禁じられています．複写される場合は，そのつど事前に(社)出版者著作権管理機構（電話 03-3513-6969, FAX 03-3513-6979, e-mail：info@jcopy.or.jp）の許諾を得てください．また本書を代行業者等の第三者に依頼してスキャンやデジタル化することは，たとえ個人や家庭内での利用であっても一切認められておりません．

まえがき

　私たちが利用するエネルギーのほとんどは熱エネルギーとして得て，この熱を直接使用したり，電気的なエネルギーや機械などを動かす力に変換して利用している．具体的には，日常生活でお湯を沸かしたり，熱エネルギーを仕事に変換して自動車，航空機，船などを動かして利用したり，発電機を回して電力とし，それを利用したりしている．

　実はこの熱エネルギーの非常に大きな部分は燃焼によって得ている．

　エネルギーの発生方法はこれからの私たちの生活に大きく関わる重大な問題であり，エネルギー発生の多くの部分を燃焼が分担していることになる．

　一方，火を使うことは人類の歴史と同じともいわれているほど，人との付き合いは長いが，どういう訳かその基本的な燃えることのしくみは，いまだによくわからない部分がある．

　したがって，燃焼をできるだけ理解して，熱エネルギーを有効に利用していくことが，今までもそしてこれからも重要な課題である．

　大学や高専における教育では，熱を熱力学として勉強しても，それを発生させる燃焼についてはあまり十分な科目が用意されていない．しかし，大学などの教育内容を調査してみると，燃焼について熱力学などの講義の中で行ったり，選択科目として開講しているところまで含めると，燃焼に関する講義はほとんどの大学，高専で行われている．おそらく担当している先生方は，自前のテキスト作りなどに苦労しておられるのではないだろうか．

　その理由のひとつとしては，燃焼に関した教えやすい，また，学生が興味をもつような教科書が十分ではないことによるのではないかと考え，大学や高専の教育として利用していただく教科書を作ることの必要性を痛感してきた．もちろん，専門書としては有名な先生方の書かれた多くの優れた出版物があるが，大学や高専の教育レベルから考えると，せっかくの優れた専門書も，教育にはそのほんの一部しか使用していないことが考えられる．

　この本は，「燃焼の専門家ではない」著者が自分でも多くの専門家の著書を拝見し，勉強し，参考にしながら書いたことに意味があると考えている．つまり，燃焼については初心者である学生にも理解できるような内容を主眼とすることができた．

　その立場から，本書の内容は（1）物理現象を主体にして（2）難しい式や現象

の説明はできるだけ専門書に譲り（3）図表や写真を多く用い（4）例題を各所に入れ（5）わかりやすい文章であること，を心がけた．もちろん，これまでの多くの専門書を参照させていただいたことは当然である．

　なお，第9章の実際の燃焼火炎の画像計測の一部については，当時宮崎大学大学院生，当時東京工業大学大学院生の努力によるものであり，記して謝意を表す．

　この本を使用することによって「燃焼」を理解していただくだけでなく，これに関連した，または，さらに発展的に物理現象に興味をもっていただけたら，と思うとともに，燃焼に限らず，エネルギー問題全体についても再度勉強していただく一つのきっかけになれば望外の喜びである．

2007年5月　　　　　　　　　　　　　　　　　　　　　　　　　　　　田坂　英紀

目　次

1　燃焼とエネルギー　　1

1.1　エネルギーの発生と燃焼　1
1.2　エネルギーの変換システム　2
1.3　燃焼と公害　6
1.4　燃料の種類，成分と発熱量　8
1.5　燃焼と火炎　14
1.6　点　火　18
1.7　燃焼の形態　18
1.8　エネルギー総論　18
第1章　演習問題　26

2　火炎伝播　　27

2.1　燃焼の種類と火炎の状態　27
2.2　火炎と火炎伝播　28
2.3　火炎伝播の機構　29
2.4　燃焼速度を求める（1）　30
2.5　マラール・ルシャトリエの式の利用　33
2.6　燃焼速度を求める（2）　34
2.7　予熱帯の厚さ　37
2.8　反応帯の厚さ　38
2.9　発光帯　39
2.10　予熱帯，反応帯の実例　40
2.11　火炎面前後の圧力差　40

2.12 層流燃焼速度に影響する因子　41
第2章　演習問題　45

3 バーナー拡散火炎　46

3.1 拡散燃焼　46
3.2 バーナー拡散火炎の形態　47
3.3 拡散火炎の構造　49
3.4 層流拡散火炎と乱流拡散火炎　51
3.5 拡散火炎の長さ　53
3.6 そのほかの拡散火炎　54
3.7 拡散火炎の形状の理論的な解析方法　56
第3章　演習問題　56

4 液滴燃焼　57

4.1 液体燃料の特徴と燃焼方法　57
4.2 燃料液滴のでき方　59
4.3 液滴燃焼の実験　61
4.4 燃料液滴の燃焼時間　61
4.5 燃料液滴の蒸発　62
4.6 燃料液滴の粒径の変化　66
4.7 燃料液滴の蒸発と燃焼　67
4.8 燃焼時間に影響する因子　68
第4章　演習問題　69

5 固体燃料の燃焼　70

5.1 固体の燃料　70
5.2 固体燃料の燃焼の仕方　71
5.3 固体燃料の燃焼に影響する因子　73

5.4　石炭の利用　74
5.5　石炭の燃焼方法　75
5.6　石炭粒子などの燃焼過程　78
5.7　固体燃料の着火と消炎　80
第5章　演習問題　82

6　予混合燃焼の混合比と燃焼温度　83

6.1　混合比　83
6.2　理論混合比の求め方　84
6.3　燃焼反応と発熱量　86
6.4　高発熱量と低発熱量　88
6.5　理論燃焼温度の考え方　89
6.6　具体的な燃焼温度の計算方法　89
第6章　演習問題　94

7　点火と燃焼限界　95

7.1　点火の定義　95
7.2　発火点と引火点　96
7.3　火花点火　99
7.4　消　炎　101
7.5　ガス流動と点火　102
7.6　点火エネルギーの測定　103
7.7　着火遅れ（点火遅れ）　105
7.8　燃焼限界の定義と温度・圧力の影響　108
7.9　燃焼限界の詳細　108
7.10　燃焼限界の実験方法　109
7.11　燃焼限界外への移行　110
7.12　燃焼限界の実例　113
第7章　演習問題　113

8 燃焼速度の計測　　114

8.1　燃焼速度について　　114
8.2　バーナー火炎による方法　　115
8.3　球状進行火炎による方法　　117
8.4　乱流燃焼速度の計測　　124
第8章　演習問題　　125

9 燃焼火炎画像　　126

9.1　燃焼火炎の画像　　126
9.2　燃焼火炎の撮影方法　　127
9.3　容器内の層流燃焼の画像　　131
9.4　噴流を伴う容器内の乱流燃焼　　137
9.5　エンジン内の燃焼　　145
第9章　演習問題　　152

付録（付表）	**153**
演習問題解答	**155**
参考図書	**163**
索　引	**164**

燃焼とエネルギー

【典型的な燃焼，マッチ棒の燃焼】

「ものを燃す」ということは普段からよく利用するエネルギーの発生方法である．しかし，本当にその具体的なことはわかっているのだろうか．この章では，燃焼というエネルギーの発生方法や燃料についてその概略を学ぶ．さらに，エネルギーがおかれているいろいろな問題点についても考えてみる．

1.1 エネルギーの発生と燃焼

初めて火を使ったのは人間であるといわれるように，'ものを燃して熱を利用すること' は私たち人類と同じように古い歴史がある．しかし，この燃焼についてはまだわからないことが多くあり，現在も多くの研究者や企業がその解明と有効利用に努力している．

燃焼という現象を工学的にとらえる方法としては，大きく分けると「燃焼という現象を物理的な現象としてとらえて評価する方法」と「詳細な化学反応を解明する方法」がある．

燃焼という現象をエネルギー利用という立場から理解するためには，詳細な化学反応を理解するよりも，燃焼現象を主として物理的な面から総合的に捕らえ，理解

を深めることが重要である．そしてこの燃焼を理解することは，現在，そしてこれからの私たちの大きな課題であるエネルギー問題を考えていく場合に有効でもある．

人類の利用するエネルギーの内，その主な部分である熱と動力についてはその80％以上を燃焼によって得ているという資料もある．私たちの利用する燃焼以外の主なエネルギー源は水力発電と原子力発電による電力であるが，利用割合としてはあまり増加の傾向にはない．したがって，これからも燃焼を十分に理解して，エネルギーを有効に活用していくことが求められている．

1.2 エネルギーの変換システム

資源や環境などの観点から，**エネルギー問題**への対策は現在もこれからも重要な課題である．総合的な**エネルギーの変換システム**は概略的に図1.1に示すような概念で説明できる．

主なエネルギー源は，燃料の燃焼によって発生させる熱，太陽から放射されたエネルギー，水力，地熱，風力などの自然エネルギーや，原子力エネルギーなどがある．これらのエネルギーの多くは「熱エネルギー」として利用され，さらにその多くは電力や動力などに変換されて活用されている．

図1.1に示したエネルギーの中のいくつかについて，その発生方法や変換方法について，簡単に説明する．

■図1.1 エネルギー変換の総合図

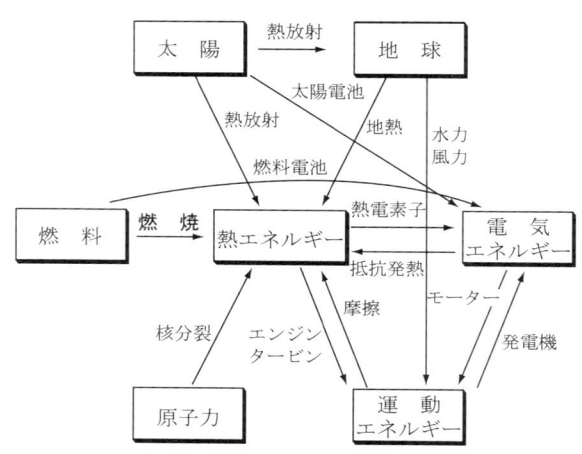

（1） **火力発電**（電力の発生）

かつては，**火力発電**が全体の発電量のほとんどという時期もあったが，エネルギーを得る方法が多様化されるなかで，**水力発電**の見直しや**原子力発電**の導入が行われ，これまでよりは減少の傾向にある．しかし，現在でも火力発電の割合はかなり大きい．

火力発電の発電システムを図1.2に示す．火力発電では主として石油などを燃料として利用し，燃焼させた熱で水蒸気を作り，これで蒸気タービンを動かし，連結してある発電機を回して発電する．使用の終わった蒸気は，コンデンサーで水に戻して再利用するサイクルで発電している方法が多く用いられている．燃焼した熱から電力へのエネルギーの変換効率は40％以上にもなっている．

■図1.2　火力発電の発電システム

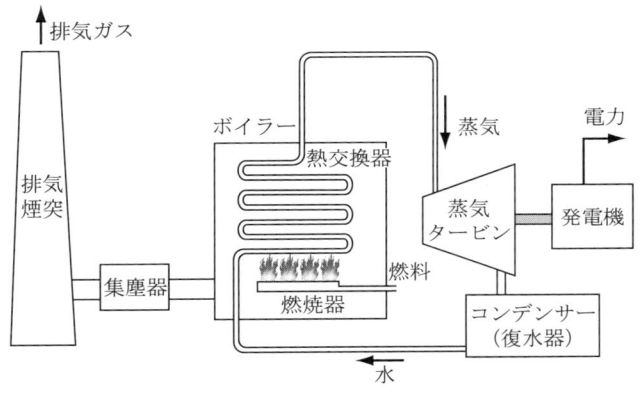

（2） **熱機関**（運動エネルギーの発生）

熱エネルギーを機械的なエネルギーに変換する装置をまとめて**熱機関**という．私たちの身近なものとしては，いわゆる**エンジン**（ガソリンエンジンやディーゼルエンジン）がある．ガスタービン，ジェットエンジンなども熱機関に含まれる．エンジンではエネルギーの変換効率はよいもので40％程度であり，小型のものでは30％どまりである．これらの変換装置には総合的な効率改善が期待されている．

（3） **燃料電池**

燃料電池は，電気分解とは逆の反応をおこさせて発電する装置であり，＋（プラス）の極に酸化剤（酸素または空気）を，－（マイナス）の極に燃料（たとえば水素）を供給する．この間にある電解質を250～650℃程度の温度に保ち，触媒を利用して電極において化学反応をおこさせる．リン酸型とよばれる燃料電池では，電

解質中を燃料の陽イオンが移動し,＋極には反応によって生成物(水)ができる.溶融炭酸塩型とよばれる燃料電池では,電解質の中を酸化剤の陰イオンが移動し,－極に生成物(水)ができる.

電気分解の場合の電極は単なる金属板でよいが,燃料電池の場合は電子をよく通す物質であるとともに,化学反応のための燃料や酸素のガスと電解質を十分接触させることができるように,面積を大きくするための多孔質の材料が使われる.

図1.3に燃料電池の発電の概念図を示す.

リン酸型の－極には,燃料として水素が供給され,－極の触媒によって水素(H_2)が水素イオン(H^+)と電子(e^-)になる.H^+は電解質を通過し,e^-は電極から燃料電池の外部に導かれ,仕事をして＋極へいく.＋極には酸素(O_2)が供給され,電解質内を通過してきたH^+と反応して水(H_2O)ができる.

燃料電池のエネルギー変換効率は,最近改善されて,条件のよい場合には40～60％といわれている.

■図1.3 燃料電池の発電の概念

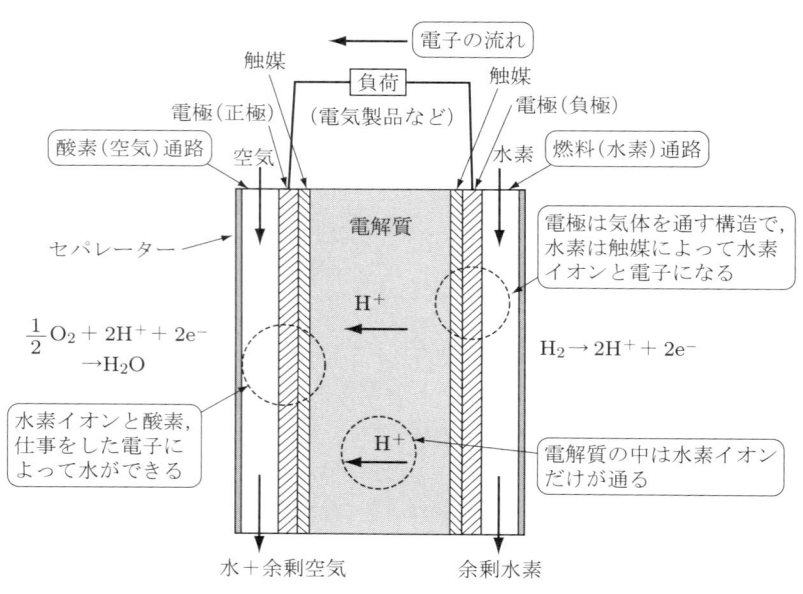

(4) 太陽エネルギー

太陽エネルギーは,最近,クリーンなエネルギーとして注目を浴びているエネルギー源である.私たちの身近な利用例としては,家屋の屋根に置かれた太陽熱温水

器による給湯装置があり，特に日照時間の長い西日本では多く利用されている．また，電力の供給に関する法律の改正で，個人でも電力を売ることができるようになったこともあり，太陽電池による発電装置を家庭に設置することも少しずつ行われるようになってきた．

太陽エネルギーの利用についてのイメージを図1.4に示す．

太陽から地球に放射されるエネルギーは最大で約 1.3kW/m^2 程度とされており，エネルギー密度としては決して高くはない．したがって，太陽エネルギーの利用だけでエネルギー問題を解決することにはならないが，公害問題がほとんどないことからその利用が注目されている．

■図1.4　太陽エネルギー利用のイメージ

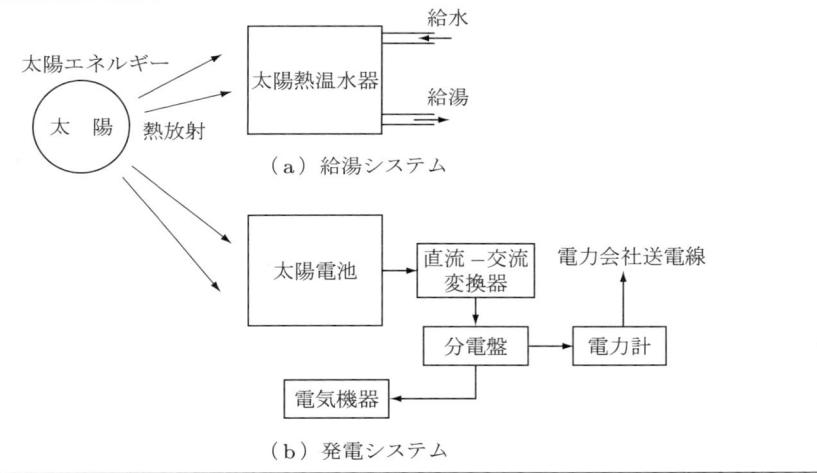

―― ちょっとひと休み ――

Q　太陽からのエネルギー量はどのくらいなのだろうか．そのエネルギーはたとえば家庭で使用する電力をまかなうことができるのだろうか．

A　太陽からの放射エネルギーをおよそ 1.3kW/m^2 とする．一般家庭の屋根にどのくらいのエネルギーが降り注いでいるか，このエネルギーをどのくらい利用できそうかを概算してみよう．

太陽電池の設置に利用できる屋根の面積を 10m^2 とすると，この面積の単位時間に受ける太陽からの放射エネルギー Q_s は

$$Q_s = 1.3 \times 10 = 13 \ [\text{kW}]$$

現在の太陽電池の発電効率は15％程度なので，10m^2 で利用できる電力は2kW程度ということになる．この数値は，通常，家庭で利用する照明の電力としては十分であるが，炊飯や冷暖房の機器を同時に使用するとなると，やや不安がある．さ

らに，この条件は，晴天の直射日光を太陽電池が垂直に受けた場合の値である．また，夜間や雨天の場合は発電は見込めないから，たとえ日中の電力を蓄えたり，電力会社へ買電したとしても，この規模ではトータルのエネルギーとしては十分とはいえない．

図 1.5 は屋根にソーラーパネルを設置した一般家庭の例である．

■図 1.5　ソーラーパネルを設置した一般家庭の例

1.3　燃焼と公害

燃焼という方法は，エネルギーを得るために重要で利用しやすい方法であるが，一方では，燃焼によって環境や健康へ問題をおこす物質も発生してしまう．燃料を燃焼させる場合に発生する燃焼ガス中には人体に有害なガスなどもあり，それらについて説明する．

燃料としては 1.4 節で説明するように，非常に多くの種類があるが，ここではもっとも多く使用されている石油系の燃料を燃焼させた場合について述べる．

1.3.1　燃焼によって発生する有害成分

有害成分で人体に直接有害としてあげられるものは，一酸化炭素（CO），炭化水素（HC），硫黄酸化物（SO_x），窒素酸化物（NO_x），微粒子（PM）である．これ以外にも地球環境を汚染するものとして炭酸ガス（CO_2）があげられる．

1.3.2　有害成分の発生と有害性
（1）　一酸化炭素

一酸化炭素（CO）の発生は，基本的に燃料の不完全燃焼によるもので，多くは

酸素不足,つまり燃料が多すぎる条件の燃焼状態で発生する.したがって,COの削減対策は適正な燃料と空気の混合比,またはそれより燃料の薄い混合比で燃焼させればよい.

COの人体への影響は30～50ppmで反射神経が鈍り,100ppmでは6時間で息切れをおこすとされている.つまり微量でも生命に対する危険性が非常に高い.

(2) 炭化水素

炭化水素(HC)は,COと同じように酸素不足の条件で多く発生する.また,燃料が少なすぎて燃焼できなくなっても発生する.したがって,対策はCOと同じように適正混合比付近の条件で燃焼させることである.

(3) 硫黄酸化物

大気中の**硫黄酸化物**(SO_x)の80%は自然界にある硫化水素(H_2S)の酸化によって発生する.

燃焼によって発生する場合は,主として火力発電所などの工業用の燃焼炉におけるものであり,工業用の燃焼によって発生するSO_xの80%であるとされている.エンジンから排出される量は,大型のディーゼルエンジンを除いて,硫黄分を含まない燃料を使用するので無視できる.東南アジアなどの原油や石炭には最大3%の硫黄が含まれている.発電所や工業炉において原油の生炊きをしたり,硫黄を多く含む石炭を利用することがSO_xの発生原因になる.日本では石炭の利用率があまり高くはないが,中国では燃料のかなりの部分を石炭に依存しており,燃焼ガス中のSO_xが偏西風に乗って日本に流れ,酸性雨を降らせる一因であるといわれている.

(4) 窒素酸化物

窒素酸化物(NO_x)はCO,HCの発生とは逆に,適正な混合比付近で燃焼させた場合,大量に発生する.発生に大きく影響する因子は燃焼温度と酸素濃度であり,このどちらかが条件にあわなければNO_xの発生量は極端に減る.したがって一般的な低減対策として,燃焼温度を下げて燃焼させることが試みられる.また,場合によっては発生した後で,排気ガス中のNO_xを触媒で分解したり,NO_xを取り除く脱硝という手法もとられる.

人体に対する直接的な影響は大きくないが,HCと反応して刺激性のあるアルデヒドを作るといわれており,対策が必要である.エンジンにおける燃焼では,ガソリンエンジンでは,すでに十分な対策が行われておりほとんど問題はないが,ディーゼルエンジンでは排出濃度が高いことが問題となっている.

(5) 微粒子

微粒子(PM:particulate matter)としては,燃焼する時に発生する微粒子粉末として,石炭や微粉炭による灰と燃焼時にできる「すす」がある.

すすの生成は酸素不足の場合が多いが，燃料と空気を別々に供給して燃焼させる拡散燃焼ではすすの発生は避けにくい．また発生した後の処理も困難で，最近はフィルターで捉える方法も提案されているが，除去装置はまだ値段が高く，特に自動車用ディーゼルエンジンに対しては全面的な利用にはまだ時間がかかりそうである．

（6）炭酸ガス

炭酸ガス（CO_2）そのものは人体に直接有害ではないが，現在，地球温暖化の因子としてもっとも削減が求められている．その発生機構は単純で，炭素を含む燃料を燃焼させることによって発生する．世界的に燃料の多くを石炭，石油などの化石燃料に頼っているため，この抑制は簡単ではない．

1.3.3 燃焼による公害

燃焼はエネルギーを得るための重要な手段であることは，今までも，そしてこれからも大きく変わることはない．しかし，燃焼によるエネルギーを従来のように燃料として石油系の燃料にのみ依存しているのでは，1.3.2項で述べた多くの公害成分を排出することになってしまう．

石油系の燃料に依存した燃焼によるエネルギーには，燃料として有限な地下資源である石油に大きく依存しており，したがって，使用できる年数にも限りがあることは明白である．また，排気中に有害成分が必ず含まれることもデメリットである．

つまり，燃料が限りある資源であること，燃焼ガスには有害成分が含まれることから，いつまでも石油系の燃料に依存していくわけにはいかない．

地球環境を保全するためにも，次のエネルギー源が十分実用化されるまでに，現在の燃焼について，できる限りの改善が要求されることになる．

1.4 燃料の種類，成分と発熱量

燃焼によってエネルギーを作り出すためには当然燃料が必要になる．燃料には固体燃料，液体燃料，気体燃料がある．以下に簡単にその説明をする．

1.4.1 固体燃料

固体燃料の主なものは次の6種類である．それぞれについて，名称と発熱量などを説明する．

（1）木　材：　発熱量：12〜21 MJ/kg

木材は，現在では燃料としてはほとんど使用されていないが，山間地など，地域

によっては有効な燃料である．主成分はセルロース$(C_6H_{10}O_5)_n$とリグニン$(C_{60-65}H_mO_x)$である．

（2） 木　炭：　発熱量：28～31 MJ/kg

木炭も木材同様，利用度が下がっている．木材を蒸し焼き，つまり酸素不足の状態で不純物を発散させて炭素成分の割合を多くして作る．

（3） 泥　炭：　発熱量：～24 MJ/kg（乾燥状態）

泥炭は植物が微生物によって長期間かかって分解されたもので，Cの成分が55～60％，Hの成分が4～5％，Oの成分が31～38％である．水分が20％以上あり，燃焼しにくい．寒冷地で多く産出される．

（4） 亜　炭：　発熱量：10～31 MJ/kg

亜炭は泥炭がさらに分解されたものをいう．Cの成分が64～70％，Hの成分が4～6％，Oの成分が20～29％．水分は20～40％である．

（5） 石　炭：　発熱量：19～35 MJ/kg

石炭は植物が非常に長い期間にわたって炭化したもので，Cの成分が75％以上になったものを石炭と定義する．世界各地で地下資源として産出される．

（6） コークス：　発熱量：26～30 MJ/kg

石炭の種類の中で強粘結炭は450℃で分解を始めて軟化し，600～700℃で固化して体積で約半分に収縮する．これをコークスという．

表1.1　主な固体燃料の成分，発熱量と用途

名　称	主な成分	発熱量 [MJ/kg]	用　途
木　材	C, H, O	12～21	家庭用燃料
木　炭	C, (H, O)	28～31	家庭用燃料
泥　炭	C, H, O, (N, S)	～24	家庭用燃料
亜　炭	C, H, O, (N, S)	10～31	一般燃料（ボイラー用など）
石　炭	C, H, O, (N, S)	19～35	一般燃料，ボイラー等工業用，ガス製造，化学原料
コークス	C, (H, O, N, S)	26～30	製鉄，ガス製造，一般燃料

1.4.2　液体燃料

液体燃料のほとんどは石油系の燃料である．石油系炭化水素燃料には表1.2の例に示すように，

（1） パラフィン系（C_nH_{2n+2}）

(2) オレフィン系（C_nH_{2n}）
(3) ナフテン系（C_nH_{2n}）
(4) 芳香族系（アロマティック系）（C_nH_{2n-6}）
(5) アルキン系（C_nH_{2n-2}）

に大別される．

また，石油系以外の液体燃料もある．

表1.2 石油系炭化水素燃料の例

炭化水素の種類	一般式	構造の一例	名称
パラフィン系	C_nH_{2n+2}	H-C-C-C-C-C-C-C-H (各Cに水素)	n-ヘプタン
オレフィン系	C_nH_{2n}	H-C=C-C-C-H	ブテン
ナフテン系	C_nH_{2n}	五員環構造	メチルシクロペンタン
芳香族系（アロマティック系）	C_nH_{2n-6}	ベンゼン環構造	ベンゼン
アルキン系	C_nH_{2n-2}	H-C≡C-C-C-H	ブチン

パラフィン系は二重結合のない鎖状炭化水素，ナフテン系はシクロヘキサンなどの二重結合のない環状炭化水素（飽和）である．芳香族系はアロマティック系ともよばれ，ベンゼンやトルエンに代表される二重結合のある環状炭化水素であり，オレフィン系はブテンなどのような二重結合のある鎖状炭化水素である．アルキン系はブチンなどの三重結合をもつ炭化水素をいう．

石油系の燃料は原油を蒸留して分溜により作り，沸点の低いものからガソリン，灯油，軽油，重油とよばれる．主な性状は表1.3のとおりである．

表1.3 石油系燃料の性状，発熱量と用途

名　称	沸　点 [℃]	発熱量 [MJ/kg]	密　度 [g/cm^3]	用　途
ガソリン	30〜180	48	0.65〜0.75	ガソリンエンジン
ナフサ	50〜200	46	0.65〜0.75	溶剤，ジェット燃料
灯　油	180〜300	45	0.79〜0.83	家庭用燃料
軽　油	200〜350	44	0.83〜0.88	小型ディーゼルエンジン
重　油	250〜360	44	0.85〜1.00	ボイラー，工業炉 大型ディーゼルエンジン

（1）　ガソリン

ガソリンは，炭素数の少ない軽質の石油燃料で揮発油ともよばれる．原油からそのまま蒸留される直留ガソリンが主であるが，天然ガスの成分に含まれるものから分離して作る天然ガソリン，炭素数の多い重質の石油を分解して作る分解ガソリン，炭素数の少ないオレフィン類から化学的に合成して作る重合ガソリンなどがある．

（2）　ナフサ

ナフサは粗製ガソリンまたは重質ガソリンとよばれ，ガソリンと灯油の中間の成分である．ナフサは溶剤，化学原料，ジェット燃料などに使用される．

（3）　灯　油

灯油は主に家庭用の燃料として使われ，一部はジェット燃料や農業用のエンジンにも用いられる．

（4）　軽　油

軽油は小型ディーゼルエンジン用の燃料として利用される．

（5）　重　油

重油はJISで1種から3種までに分類されており，通称はそれぞれをA，B，C重油とよぶ．重油を高温にしても沸騰しない残査成分が1種で1〜2％，2種で70％，3種で90％であり，残査成分の割合が多い重油ほど粘性が大きくなる．参考のために重油の規格を付録 表Aにあげる．

（6）　その他石油系以外の燃料

石油系以外の燃料は燃料全体としての使用量としては少ないが，次のようなものがある．

① **石炭液化油**：　石炭を液化して石油系燃料に近いものを作って利用する．石炭の液化には二通りあり，一つは間接液化法で，石炭をガス化して一酸化炭素

と水素を作り，これより炭化水素を化学的に合成する．この方法によって，ガソリンから軽油程度の炭化水素を作ることができる．もう一つは直接法で，高温高圧下で石炭の炭素に水素を化学的に結合させ，炭化水素を作る．石油系の燃料のナフサから重油まで作ることができる．工業化されているのは間接法だけである．

② **アルコール**： メタノール（メチルアルコール）は石油，石炭などから化学的に合成して作る．エタノール（エチルアルコール）は植物を原料として発酵によって作る．燃料として利用するためには原料の植物を大量かつ安価に供給できることが条件となる．わが国での燃料としての実用化は，安い植物性の原料を大量に生産することが難しいため，国内で大幅な生産の可能性は少ない．

1.4.3 気体燃料

気体燃料の種類と一般的な成分や用途は表1.4のとおりである．

表1.4 気体燃料の成分，発熱量と用途

名　称	主な成分	高発熱量 [MJ/Nm^3]	主な用途
天然ガス	C_nH_{2n+2}	45	都市ガス，工業炉
石炭ガス	H_2, C_nH_{2n+2}, CO	21（～38）	ボイラー，（都市ガス）
発生炉ガス	CO, H_2, N_2	6	工業炉，（都市ガス）
水性ガス	H_2, CO, N_2	11	原料ガス
増熱水性ガス	H_2, CO, C_nH_{2n+2}	21	工業炉，（都市ガス）
高炉ガス	CO, CO_2, N_2	4	ボイラー，工業炉
石油ガス	C_nH_{2n+2}, C_nH_m	13～40	都市ガス
都市ガス	C_nH_{2n+2}	43	家庭用燃料

（1） 天然ガス

天然ガスは地下から採取されるガスの総称で，天然に産出する可燃ガスをいう．メタンが主な成分で，比較的発熱量も大きい．輸送方法としては液化天然ガス（LNG）として船で運搬したり，パイプラインで輸送される．天然ガスはさらに，産出の形態によって次の三種類に分類される．

① **油田ガス**： 原油の中に溶解している可燃ガスが原油を採取する時に分離したガスや，原油層の上に分離しているガスをいう．成分はメタンやエタンの他にプロパンやブタンも含んでいる．

② **水溶性ガス**： 地下水を採取する時に出てくるガスで，ほぼ純粋メタンであ

る．
　③　炭田ガス：　石炭層から産出するガスで，メタンを主成分とする．
（2）　石炭ガス

石炭ガスは石炭を1400～1500Kの高温で乾留して得られる気体燃料で，コークスを作る炉などを用いて製造される．

成分は水素（H_2）が50～55％，メタン（CH_4）が20～30％，一酸化炭素（CO）が6～12％で，残りが少量の炭化水素，二酸化炭素，窒素，水蒸気などである．ボイラー用燃料や都市ガスに利用される．

（3）　発生炉ガス

発生炉ガスは石炭やコークスなどを空気と少量の水蒸気で不完全燃焼させて得られる気体である．可燃成分は一酸化炭素が25～30％，水素が10～14％と少量のメタンである．空気を送り込んで作るため，窒素を多く含んでいて発熱量は低い．利点は比較的簡単な装置で多量に製造することができる点である．

（4）　水性ガス，増熱水性ガス

水性ガスは1200K以上に熱した石炭またはコークスに水蒸気を送って得られる気体で，いわゆる水性ガス反応（$C + H_2O = CO + H_2$）によって作られる．成分は水素が45～50％，一酸化炭素が40～45％で，燃焼温度は高い．水素ガスの製造や，化学工業の原料ガスとして用いられる．製造プロセスは吸熱反応であるため，断続的に加熱する必要があり，設備費や運転費がかかる．燃料として用いる場合は石油ガスを混合して発熱量を増加させた**増熱水性ガス**が用いられる．

（5）　高炉ガス

溶鉱炉で銑鉄を製造する際に副産物として得られるのが**高炉ガス**である．可燃成分は一酸化炭素が23～30％で，これ以外は窒素が約60％と二酸化炭素が10～18％で不燃成分が多いため，発熱量は低い．燃料として使用する場合は石炭ガスと混合して用いる．

（6）　石油ガス

石油ガスは炭素数が3から4の炭化水素燃料で，主成分はプロパン（C_3H_8），プロピレン（C_3H_6），ブタン（C_4H_{10}），ブチレン（C_4H_8）である．常温でも20～30気圧で液化するので，貯蔵や運搬が容易であり，かつ使用時に減圧すれば気体燃料となるので，使用しやすい．液化させたものを**液化石油ガス**（**LPG**）とよぶ．また加圧時に不純物の除去が行えるので好都合である．石油とともに産出されるガスは二重結合のない飽和炭化水素が主である．LPGの規格を付録　表Bに示す．

（7）　都市ガス

いわゆる**都市ガス**は各種気体燃料の混合物であり，多くの場合，発熱量は

43 MJ/Nm³ 程度（種類 13A，成分はメタン 90％）である．最近，大都市では海上輸送が大型の専用船で可能になり，人間への有害成分を少なくすることができることなどから，LNG へ移行している．

1.5 燃焼と火炎

燃焼という現象を理解するために，「燃焼」，「火炎」という言葉の定義や火炎の種類を知っておく必要がある．以下にその説明をする．

（1） 燃焼の定義

燃焼とは発光と発熱を伴う急激な酸化反応である．したがって，たとえば酸化反応であっても金属が錆びるようなゆっくりした酸化反応は燃焼とはいわない．また，抵抗線に電流を流した場合に発光と発熱を伴うが，酸化反応ではないので，燃焼とはいわない．そのために当然のことながら，燃焼には燃料と酸素が必要不可欠である．

（2） 火炎の定義

図 1.6 に燃焼の基本であるバーナー火炎を示す．図中に拡大して示してある，燃焼が気体の状態で行われている部分を**火炎**（flame）とよぶ．この部分で，燃料と酸素が活発に反応して，熱と光がでる．高温であっても，すでに燃焼が終わった部分は反応していないので火炎とはいわない．

■図 1.6 火炎のイメージ

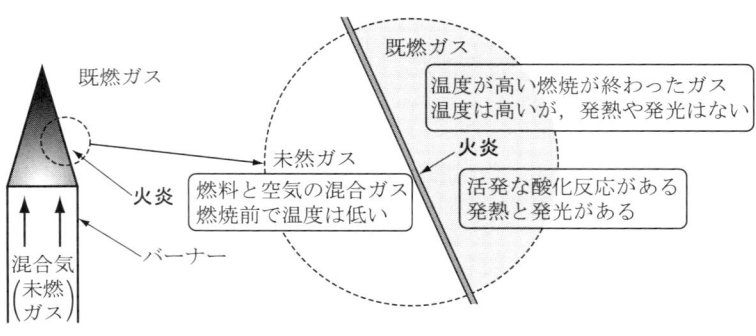

（3） 火炎の分類

① 冷　炎：　エーテルなどの燃料と酸素を混合して容器に入れ，徐々に温度を上げていくと，比較的低温で淡い青色の炎が中心部から発生して拡がり，壁付近で消える現象が観察される．これを**冷炎**（cool flame）という．プロパンと酸素の混合気では550～700K，0.02～0.07MPaで発生する．図1.7は燃料がオクタンの場合である．発生は1回の場合もあるが，2～5回発生することもある．冷炎は通常の燃焼温度に比べてはるかに低い温度のため，このようによばれる．組成の変化はあるが，熱はほとんど発生しない．

■**図1.7　冷炎の発生する領域（オクタンの例）**

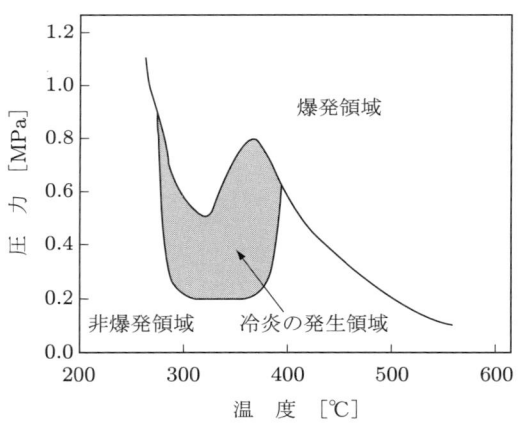

② 熱　炎：　**熱炎**（hot flame）は酸化反応の主な部分で，ここでほとんどすべてのエネルギーが発生する．一般的にいう燃焼とはこの部分をいう．

（4） 火炎伝播

予混合気において火炎が連続的に継続して伝わって燃焼していくことを**火炎伝播**（flame propagation）という．火炎伝播のメカニズムのイメージを図1.8に示す．燃焼する前の混合気は未燃ガスであり，燃焼後は既燃ガスである．この両者の境界に火炎がある．火炎伝播の機構については2.3節で詳しく説明する．

火炎伝播の形態は大きく次の二つに分けられる．

① 燃焼波（combustion wave）による火炎伝播は火炎面からの伝熱と活性の高い分子（活性基）の拡散などによる火炎伝播で，伝播する速度は音速よりはるかに遅い．

② 爆轟波（detonation wave）による火炎伝播は衝撃波の一種で伝播速度は通

■図1.8　火炎伝播メカニズムのイメージ

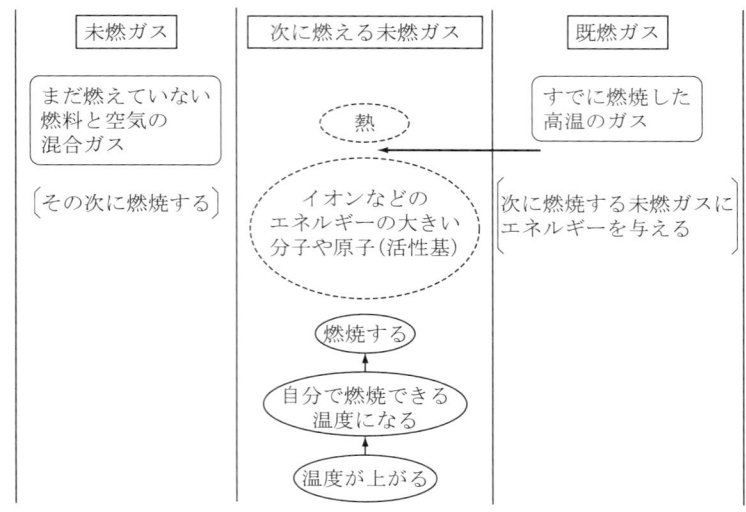

常音速を越える．
普通の燃焼では①のみが起こる．

(5)　燃焼速度

未燃ガスと火炎との相対速度が**燃焼速度**（burning velocity）であり，いいかえると火炎面が未燃ガスに進入する速度，または火炎面が未燃ガスを取り込む速度であるともいえる．速度を判定する基準座標が未燃ガス（または火炎面）にあることが重要である．これとよく似た用語に**火炎速度**がある．これは燃焼系の外，たとえば，燃焼している装置の外にいる人が観察している火炎の移動する速度を火炎速度という．一定の場所に固定された定置式の定常火炎，たとえばバーナー火炎は，人が観察する場合には，火炎は一定の位置にとどまっているように見える．したがって火炎速度は0である．しかし，この状態でも燃焼は活発に行われているから，火炎速度は燃焼の活性度を表すには適当ではなく，燃焼速度で表現する必要がある．前例の定置式のバーナー火炎は，火炎速度は0であっても燃焼速度はその定義から0ではない．

(6)　予混合火炎と拡散火炎

図1.9に**予混合火炎**と**拡散火炎**のイメージを示す．燃料と酸素（または空気）が燃焼前に一定の割合で均一に混合されている混合気を**予混合気**といい，これが燃焼

する場合が図1.9(a)に示す予混合火炎（premixed flame）である．また，燃焼の過程で燃料と酸素（または空気）が混合しながら燃焼する形態が図1.9(b)の拡散火炎（diffusion flame）である．

　基本的な燃焼器であるブンゼンバーナーでもこの二種類の火炎を観察することができる．まず，燃料だけを出しながら点火すると，赤い色をした拡散火炎ができる．この場合はバーナーの筒からは燃料のみが出て，回りの空気を巻き込んで燃料と空気が混合しながら燃焼する形態（図1.9(b)）であり，拡散燃焼であることがわかる．次にバーナーの空気の取り入れ口を開いていくと，中央部に円錐形の青い火炎ができ，そこから少し離れたところに薄いオレンジ色の火炎ができる．この内側の青い火炎（内炎）が予混合火炎であり，外側の火炎は内側の火炎の部分で燃焼できなかった燃料の残りがその外側で拡散火炎を作り，外炎（二次火炎）を形成する．空気の取り入れ口をさらに開くと青い円錐状の予混合火炎（図1.9(a)）だけとなる．

■図1.9　予混合火炎と拡散火炎のイメージ

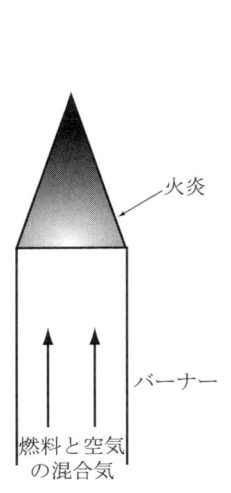
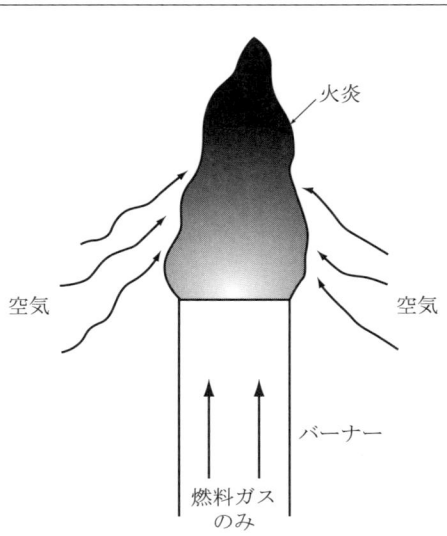

（a）予混合火炎
　　初めから空気(酸素)と
　　燃料が混ざっている

（b）拡散火炎
　　外から空気(酸素)が
　　供給される

1.6 点　火

自ら燃焼を開始できる火炎核を作ることを**点火**という．火炎核はエネルギー密度が高く，ある程度の大きさをもっていて，通常はイオンなどの活性の高い分子などを含む温度の高い気体の塊である．

点火の方式には大別すると次の3種類がある．
① 電気火花による**火花点火**（spark ignition）
② 固体表面や細線を1000℃程度以上にする**熱面点火**（hot-surface ignition）
③ 他の燃焼している火炎である火種を接触させる**火炎点火**（torch ignition）

などがある．点火については第7章で詳しく説明する．

1.7 燃焼の形態

燃焼の状態は火炎の形から次の二つに分類される．
① 層流火炎：　**層流火炎**（laminar flame）は静止混合気や流動速度の低い混合気を燃焼させた場合に発生する火炎の形態で，火炎面が滑らかであることが特徴である．
② 乱流火炎：　**乱流火炎**（turbulent flame）は混合気の流動速度が早く，乱れ成分が大きいときに発生する火炎の形態であり，火炎面が複雑な形をしていることが特徴である．

層流，乱流は流体力学的な用語であるが，流れの状態と燃焼の状態は必ずしも対応しない．静止混合気で層流燃焼で燃焼を開始しても燃焼の途中で乱流火炎に移ることがあり，流れの状態と燃焼の状態が対応しない一例である．

1.8 エネルギー総論

エネルギー問題を考える場合に，現在，その役割の大きい燃焼によるエネルギーの発生方法は無視することができない．一方，比較的手軽に，かつ安価にエネルギーを発生できる燃焼にも多くの問題が残されている．

エネルギー対策を考える場合に当分の間，そのポイントは次の二点である．
（1）現在の燃焼をできるだけ効率よく行い，なおかつ，そのエネルギー利用の

効率を上げること．
(2) 新エネルギーを含む多くのエネルギー源の開発とコストの削減を計ること．
以上に関連して，現在の燃焼とエネルギーの問題を総合的に考えてみる．

1.8.1 各国のエネルギー依存と今後の依存予測

世界のエネルギーの需給の見通しを表1.5に示す．2000年の実績から2030年の予測まで，残念ながらその構成はほとんど変わっていない．相変わらず化石燃料の燃焼に依存していくことが予測されている．

表1.5 世界の一次エネルギー需給構成実績と見通し

項 目	2000年実績	2010年予測		2020年予測		2030年予測	
	構成比	構成比	平均伸び率	構成比	平均伸び率	構成比	平均伸び率
石 炭	26	24	1.4	24	1.4	24	1.6
石 油	39	38	1.7	38	1.7	38	1.6
天然ガス	23	25	3.0	27	2.7	28	2.0
原子力	7	7	1.1	5	0.3	6	1.6
水 力	2	2	1.9	2	1.8	3	1.6
その他	3	3	3.7	3	3.4	4	1.6

注) 1. 2030年の予測資料は別の資料から追記しているため，伸び率は不確定．
　　2. 数字は%

表1.6は2001年の主要国の**エネルギー供給実績**の構成内容である．この表でも明らかなように，石油，石炭，天然ガスの燃焼によるエネルギーの発生への依存度が非常に高い．原子力に依存している割合が大きいフランスを除いて80%またはそれ以上を燃焼に頼っている．

表1.6 主要各国のエネルギー依存状況

項 目	日 本	ドイツ	イギリス	フランス	イタリア	カナダ	アメリカ
石 油	49.2	38.3	34.6	35.3	50.3	35.8	39.6
石 炭	19.2	24.2	16.9	4.8	7.8	12.4	23.9
天然ガス	12.4	21.5	36.9	13.8	33.8	28.8	22.7
原子力	16.0	12.7	10.0	41.3	0	8.1	9.2
水力／地熱	3.0	3.1	1.2	7.0	5.7	15.8	4.5

注) 1. 数字は%
　　2. 2001年統計資料

日本について詳細にみると，表1.7に示すように燃焼に対する依存度は1990年に84%，2000年に81%であるが，2010年の予測でも78%であり，基本的に燃焼

に8割依存している状況はしばらく続きそうである．

したがって，初めに述べた燃焼の効率化とほかのエネルギーへの依存度を高くしていく対応が必要となる．

表1.7 日本の一次エネルギー需給の実績と予測

項　目	1990年実績 割合[%]	1990年実績 実数*	2000年実績 割合[%]	2000年実績 実数*	2010年予測 割合[%]	2010年予測 実数*
石　油	53	271	47	274	42	247
LPG	4	19	3	19	3	19
石　炭	17	86	18	107	18	105
天然ガス	10	53	13	79	15	86
原子力	10	49	13	75	14	85
水　力	4	22	3	20	4	21
地　熱	0	0	0	1	0	1
その他	2	12	2	14	4	22
燃焼によるエネルギー	84	429	81	479	78	457

注）＊原油換算で単位は100万kℓ

1.8.2 原子力発電

1980年代にも石油の供給不安や値段が高騰したことから，エネルギー問題が日本にとっても重要な課題となり，その解決策の一つが**原子力発電**であった．当時，アメリカ，ヨーロッパ諸国もこの方向にあった．

しかし，その後，アメリカのスリーマイル島の発電所の事故（1979年），旧ソ連のチェルノブイリにある原子力発電所の事故（1986年），日本においても発電所そのものではないものの，核燃料による事故などがあり，その安全性への疑問はまだ十分には解決されていない．

フランス，スウェーデン，ドイツ，韓国などは原子力への依存が高い国であるが，その依存度の見直しで揺れている国が多い．エネルギー事情は各国の経済状況と密接な関係があるとともに，その国がエネルギー資源を保有しているかどうか，化石燃料の価格がどのように変化するかなど，多くの因子が複雑に関係している．

日本における原子力へのエネルギー依存は10％程度であるが，世界各国と同じように，エネルギー資源をもたないため，その方向は予測しにくい．とくに，原子力の安全性とともに，世界で唯一の原爆の被爆国であるということも，原子力利用への間接的な危惧となっている．

経済的にも，当初考えられたような利点は少なくなっている．当初は，原子炉の建設費と運転経費を主体にして考え，ほかのエネルギーよりその必要コストは遙かに少ないとされていた．しかし，原子炉も永久に使用できるものではなく，初期に建設された原子炉もそろそろ耐用年数（40年）を迎えようとしている．標準的な100万kWクラスの原子炉では，その解体と処分に1基につき550億円を必要とする試算があり，この経費をエネルギーの単価に上乗せすると，原子力エネルギーは決して安価ではない．

原子力発電では先進国のアメリカでもこの解体経費が問題となり，場合によっては解体せずに，そのまま原子炉を厚いコンクリートで封印する方策も考えられている．

1.8.3 新エネルギー

新エネルギーとして分類されるものは，太陽光発電（太陽電池），風力発電，一般廃棄物発電，燃料電池，バイオマス燃料の燃焼などである．新エネルギーという名称で分類されているが，特別に最近になって原理が発見・発明されたものではない．

いずれも，技術の進歩によってある程度エネルギー発生コストが削減されたり，変換効率の向上や小型化などによって，脱炭化水素燃料の一環として注目されているものである．

日本においてもこの観点から，表1.8に示すような新エネルギーの利用計画が立てられており，2010年の目標値は植物依存のバイオマス燃料の利用をのぞき，それぞれ2002年実績の5倍程度を挙げている．

表1.8 日本の新エネルギーの導入目標

項　　目	2002年実績		2010年目標	
	原油換算 [万kℓ]	設置規模 [万kW]	原油換算 [万kℓ]	設置規模 [万kW]
太陽光発電	15.5	63.3	118	482
風力発電	18.9	46.3	134	300
廃棄物発電	152.0	140.0	552	417
バイオマス発電	22.6	21.8	34	33

なお，バイオマス燃料の一部のアルコールと，水素・燃料電池については1.8.4項，1.8.5項に説明する．

新エネルギーに関する経済性の試算は表1.9に示すとおりで，コストとしては風

力発電(大型)と一般廃棄物発電が優れている．ただし，新エネルギーのいずれについても，現状では燃焼によるエネルギー発生のコストより高い．しかし，個別のいろいろな条件でのコストで考えると，たとえば，離島などの電力の供給には長い送電線を設置するより，独立して太陽電池や燃料電池を設置する方が有利になる場合もある．また，年間を通じて風の強い地域では景観や騒音の問題がなければ風力発電も大きな魅力になる．

表1.9 新エネルギーのコスト試算

項　目	発電コスト [円/kWh]	設置コスト [万円/kW]	耐用期間 [年]
太陽光発電(住宅)	66	94	20
風力発電(大規模) 　　　　(小規模)	10～14 18～24	21～24 23～37	17 17
一般廃棄物発電 　　　(大規模) 　　　(小規模)	 9～11 11～12	 9～25 26～30	 20 20
燃料電池	22(+13)*	70	15

注) 1．燃料電池の＊印は燃料費
　　2．経済産業省資源エネルギー庁「新エネルギー便覧H15」
　　　(財)経済産業調査会　2004.3

　世界各国では脱石油燃料を目指しており，表1.10に示すように，再生可能なエネルギーの利用増加を模索している．**再生可能エネルギー**とは，太陽，風力，廃棄物，水力，地熱，バイオマス燃料などのようなエネルギー源で，石油燃料のように使い切りではないエネルギーをいう．

1.8.4　アルコール燃料

アルコール燃料にはメチルアルコールとエチルアルコールがあり，メチルアルコールは工業的に製造可能で，エチルアルコールは植物を微生物によって発酵させて作る．

　新燃料として注目されているのはエチルアルコールで，植物から燃料を生産できることから，この燃焼によるエネルギーは再生可能エネルギーである．

　植物から製造できるメリットはあるものの，日本のような耕地面積の少ないところでは，人間の食物を作るためにかなり多くの耕地面積を必要とし，食料の生産とは別にエネルギー源のための植物生産は現実的には困難である．ブラジルなどの広大な土地と気候に恵まれた地域では燃料のための耕地面積の確保が可能であり，ア

表1.10　各国の再生可能エネルギーの利用実績と目標

国　名	一次エネルギー供給		発電電力量	
	2000年実績[%]	2010年目標[%]	2000年実績[%]	2010年目標[%]
日本	4.8	7.0	10.2	11.0
アメリカ	5.0	6.9	8.5	9.2
カナダ	16.8	—	60.5	—
EU	6.0	12.0	15.3	22.1
イギリス	1.1		2.8	10.0
フランス	6.8		13.2	21.0
ドイツ	3.3		7.3	12.5
イタリア	5.2		19.0	25.0
デンマーク	10.8		17.5	29.0
スウェーデン	32.7		57.1	60.0
オーストリア	23.8		72.6	78.1

注）再生可能エネルギーとは太陽，風力，廃棄物，水力，地熱など

ルコールの生産と利用の可能性が高い．

1.8.5　水素燃料・燃料電池

　水素燃料は燃焼後の排気ガスがきれいであることから，最近注目されている燃料である．水素を燃料として使用することは，排気ガスがきれいであることなどの燃焼についてのメリットは多いが，取り扱い上の問題が多くある．気体燃料であるため，石油のような液体燃料に比べて，同じ熱量を発生させるためにはそのままでは膨大な体積になってしまう．圧縮する方法もあるが，圧力容器に入れる方法では高圧容器の重量や最高圧力の制限などから，エネルギーの高密度化はあまり期待できない．その対策の一つとして，低温で加圧し，液化する方法がある．この場合は，液体の状態で燃焼する装置に送ることができるというメリットはあるが，低温のままで送る必要があり，圧力をかけるポンプや配管などに特別な材質を使用したり，低温という特殊な条件に対する対策や注意が必要となる．

　もう一つは水素を吸着しやすい合金（水素吸蔵合金）に吸着する方法である．水素を吸着したり気体へ戻すことは比較的簡単にできるが，吸着材料の体積当たりの吸着量が多くないため，貯蔵する場合のエネルギー密度としてはあまり高くできない．

燃料電池については1.2節でその原理は説明した．燃料電池は次世代のエネルギー源になると思われるが，現状では小型化やコストの面で直ちに現在の燃焼によるエネルギー発生装置に置き換わることはない．いろいろな制約条件の中で，燃料電池のメリットが生かせるところから，徐々にその利用が拡大されていくものと思われる．

図1.10に発電システムにおける燃料電池の位置づけを示す．

■図1.10 発電システムの発電効率

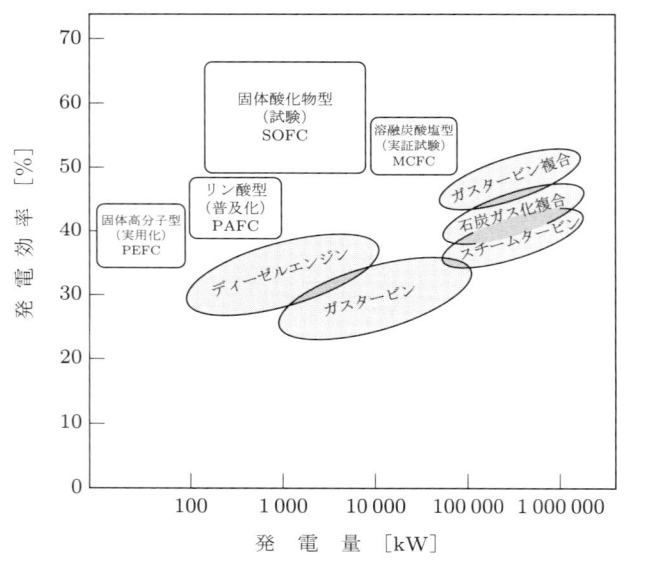

なお，水素燃料はその製造方法にも問題がある．水素を作るために必要なエネルギーが，水素の燃焼や反応によって出せるエネルギーに比べて無視できないオーダーである．また，一般的な利用方法を拡大するためには，どのようにして水素を使用する場所に供給するか，供給方法の基盤整備も必要となる．

1.8.6 再び石油燃料

石油燃料の使用は地球温暖化の大きな原因になっており，また，石油資源の枯渇も心配されている．そのために，燃焼による熱エネルギーを有効に利用する方策が必要とされている．図1.11はエネルギーの有効利用のための一つの方法である**コジェネレーション発電システム**の概念図である．この方法はすでに行われている方法で，通常の燃焼ガスによってタービンを回し，発電した後のまだ温度の高いガスのエネ

■図1.11 コジェネレーション発電システム

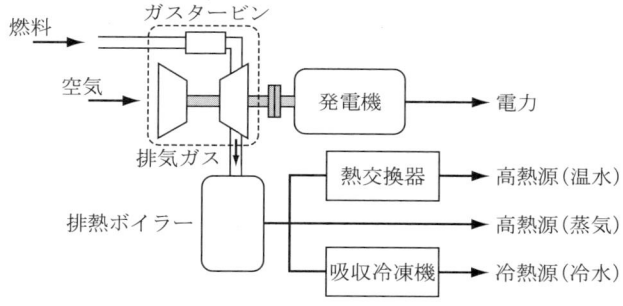

表1.11 原油の可採年数の推移

年	年末埋蔵量 R	年間生産量 P	可採年数 (R/P) [年]
1980	669.6	23.0	29.1
1981	683	21.7	31.4
1982	712.1	20.9	34.1
1983	723	20.7	35.0
1984	763.5	21.1	36.3
1985	772	21.0	36.8
1986	883.2	22.1	40.0
1987	913.2	22.2	41.2
1988	1 002.2	23.0	43.5
1989	1 020.2	23.4	43.7
1990	1 015.9	23.9	42.6
1991	1 019.4	23.8	42.8
1992	1 023	24.0	42.7
1993	1 023.6	24.1	42.5
1994	1 031.1	24.5	42.1
1995	1 040.5	24.8	41.9
1996	1 063.8	25.5	41.8
1997	1 053.1	26.3	40.1
1998	1 066.3	26.8	39.8
1999	1 083.5	26.3	41.2
2000	1 106.1	27.3	40.6
2001	1 114.3	27.2	41.0
2002	1 146.3	27.0	42.4
2003	1 147.7	28.0	41.0

注) 単位:10億バレル

ルギーを，ほかのものの加熱や冷却，空調，給湯などのいろいろな用途に活用する方法である．いわば燃焼によって発生させたエネルギーを最後まで使いきろうという方法である．

はたして石油はいつまで使えるのだろうか．この予測は大変難しいが，表1.11に原油の**可採年数**の経緯を示す．

可採年数とは，現在，採掘可能で，これまでの使用状況から考えると，あと何年で原油を使い切ってしまうかという年数である．この表でわかるように，1980年代は可採年数が30年であったものが，2000年には40年になっている．この可採年数が増えるというのは，限りある地球上の資源という意味からは非常におかしい．これには理由があり，（1）新しい油田が発見されたこと，（2）技術の進歩により，これまで経済的な意味を含めて採掘が不可能であったものが採掘できるようになったこと，による．

また，石油ではないが，最近注目されているのが深海に存在するメタンである．深海に存在するメタンは**メタンハイドレート**とよばれ，低温で高圧の水の中にメタンが含まれている状態である．メタンハイドレートは日本の近海を含めてかなりの埋蔵量があると推定されている．まだ具体的な採掘利用技術はできあがっていないが，今後の炭化水素燃料，または工業用原料として注目されている．

しかし，いずれにしても炭化水素燃料を利用できる年数は減少するものであり，いつまでも使い続けることができないのは当然であり，それまでに次のエネルギー源を普及させなければならない．

第1章　演習問題

1. エネルギーの発生における燃焼の位置づけを述べなさい．
2. 燃焼によってエネルギーを発生させる場合の問題点を説明しなさい．
3. 固体燃料としてどのようなものがあるかを述べなさい．
4. 原油から得られる燃料の種類について簡単に述べなさい．
5. 燃焼の定義を述べなさい．
6. 経済的な観点から，太陽光発電はメリットがあるかについて検討しなさい．
7. CO_2排出量の規制について経緯と現状を説明しなさい．
8. 石油の可採年数の意味と今後について説明しなさい．

2 火炎伝播

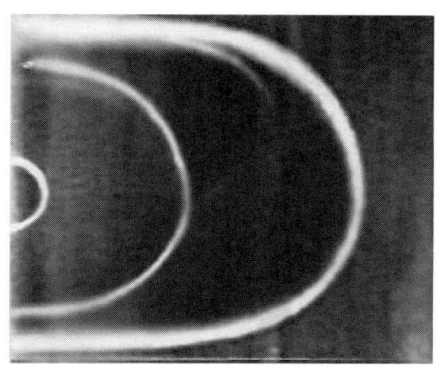

【容器内燃焼の火炎の拡がり（多重撮影）】

> この章では，火炎がどのようにして広がっていくのか，火炎の広がり方に影響する因子は何かなどについて学ぶ．また，いわゆる燃焼速度とはどのようなものか，燃焼速度の具体的な値は燃料によって変わるかなどについても学ぶ．

2.1 燃焼の種類と火炎の状態

　燃焼は燃料と酸素が結合する化学反応である．燃料には，気体や液体，固体の状態のものがあり，それぞれ燃焼のしかたが異なるが，ここでは燃焼の基本を理解するために，気体燃料の燃焼について説明する．

　燃焼の形式には，図1.9にイメージを示したように，燃料と空気が完全に混ざった状態で燃焼する**予混合燃焼**と，燃料と空気が混ざりながら燃焼する**拡散燃焼**がある．拡散燃焼では燃料と空気が混ざり合うプロセスが燃焼に大きく影響するので，燃焼そのものを理解するときには複雑でわかりにくい．したがって，燃焼の基本としてもっとも考えやすい状態は，気体燃料と空気（酸素）があらかじめ混合した状態にある**予混合気**（単に混合気ということもある）の燃焼である．燃焼の基本を理

解しやすいように，この章では予混合気燃焼の場合について説明する．

予混合気が燃焼を続けていく場合に，燃焼している部分を細かく見ると，現在燃焼している部分を境にして，まだ燃えていない部分とすでに燃えた部分に分かれている．実際に燃焼している部分を**火炎**といい，まだ燃えていない部分を**未燃ガス**，燃焼し終わった部分を**既燃ガス**とよぶ（1.4節参照）．

図2.1に層流火炎と乱流火炎のイメージと火炎付近の名称を示す．図2.1(a)のように表面に凹凸の少ない火炎は**層流火炎**とよばれ，静止した混合気を燃焼させたときに見られるような，なめらかな火炎面を持った比較的緩やかな燃焼の状態である．図2.1(b)は火炎の表面に凹凸の多い**乱流火炎**の模式図である．

ここでは，燃焼の状態がわかりやすい層流燃焼について考えていく．

■図2.1　層流火炎と乱流火炎のイメージと火炎付近の名称

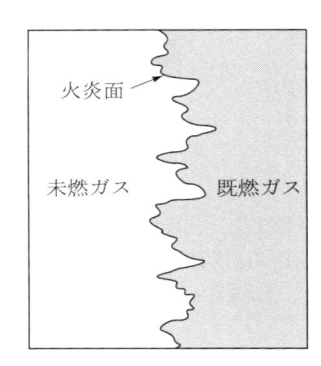

（a）　層流火炎（火炎面がなめらか）　　（b）　乱流火炎（火炎面に凹凸が多い）

2.2　火炎と火炎伝播

「**火炎**」という用語は抽象的に使う場合には，概略的に「燃焼している部分」を意味する．「**火炎面**」という言葉は燃焼している領域の特定の部分をいい，燃焼する前の未燃の混合気とすでに燃えてしまった既燃ガスの境界面を表す．

火炎がつぎつぎに燃え広がっていくことを**火炎伝播**といい，層流燃焼の状態で火炎が広がる場合を**層流火炎伝播**という．これが火炎が拡がっていく現象の基本である．この層流火炎伝播は，ほかの複雑な燃焼状態を理解するためにもまず知っておく必要がある．層流火炎伝播がどのようにして起こるか，火炎伝播の機構を説明する．

2.3 火炎伝播の機構

火炎伝播には燃焼を継続させるための熱エネルギーの移動と、燃料や酸素および燃焼によってできた物質の移動の両方が影響する。予混合気の層流火炎伝播では燃料と空気が燃焼前に混合しているので、物質の移動は燃焼にはほとんど関係なく、図2.2に示すように、燃焼している部分から次に燃焼する部分への**熱移動**が燃焼の状態、つまり火炎の広がり方を決める。熱移動とは高温のものから低温のものへ熱が移動する現象をいい、基本的な熱移動の形としては、熱伝導、熱伝達、放射熱伝達がある。熱の移動現象については伝熱工学の本を参考にするとよい。また、火炎伝播で重要な役割を果たす熱伝導については、次節で簡単に説明する。

■図2.2 火炎面付近のエネルギーの移動

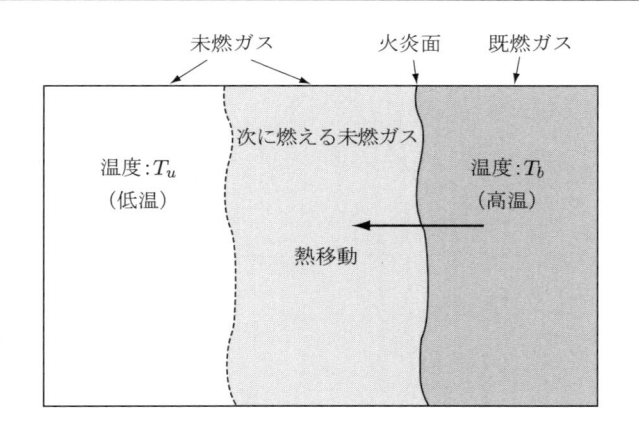

未燃ガス　　火炎面　　既燃ガス

次に燃える未燃ガス

温度:T_u
(低温)

温度:T_b
(高温)

熱移動

ここで、火炎がどのような構造になっているかを考える。

燃焼火炎面を中心にした座標系を考え、火炎の前後の温度分布を模式的に示すと図2.3のようになる。火炎面を境にして、まだ燃えていない混合ガスである低温の**未燃ガス**（添字：u）とすでに燃え終わった高温の**既燃ガス**（添字：b）がある。この未燃ガスが燃焼して発熱反応が開始する温度（またはその状態において自ら燃焼を開始できる温度）を**点火温度**といい記号 T_{ig} で表し、この位置を x 軸の座標の原点とする。

温度を記号 T で表すと、温度の高い既燃側のガスから温度の低い未燃側のガスへ熱量 Q が移動し、これによって未燃ガスの温度が燃焼前の温度 T_u から T_{ig} まで上げられる。未燃ガスの温度 T_u が点火温度 T_{ig} まで変化する区間を火炎の中で**予

熱帯とよぶ．図ではその右側の温度が T_{ig} から既燃ガス温度 T_b までは，燃焼することによる発熱反応によって温度が上昇する区間であり，これは**反応帯**とよばれる．つまり，未燃ガスは自分で燃焼反応ができる T_{ig} の温度まで既燃ガスから熱を受け取ることによって燃焼を継続することができる．この予熱帯と反応帯を合わせて「火炎（または火炎面）」とよぶ．したがって，何らかの理由で次に燃えるべき未燃ガスが自ら燃焼できる熱量を受け取ることができなければ，そこで燃焼は中断されてしまうことになる．

■図2.3　火炎面における温度分布

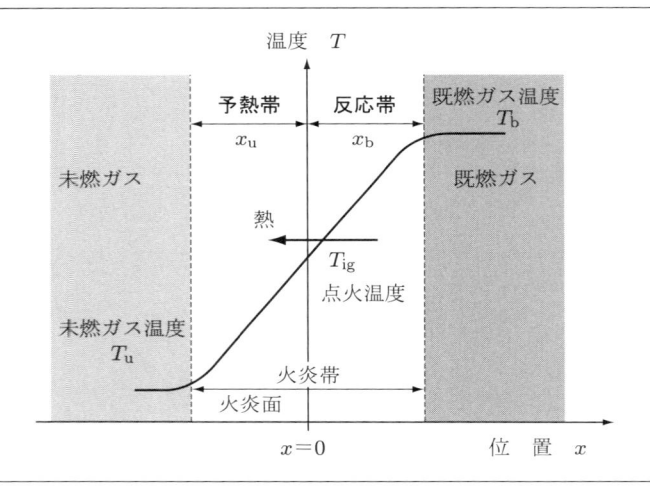

2.4　燃焼速度を求める（1）

　火炎伝播は，前に説明したように，これから燃えようとする未燃ガスがその直前に燃焼した既燃ガスから熱エネルギーを受け取って燃焼できる状態になり，燃焼して発熱し，さらに次の未燃ガスにエネルギーを与えていく繰り返し現象である．
　そこで，火炎付近における未燃ガスと既燃ガスの熱エネルギーバランスから**燃焼速度**を導き出してみる．なお，燃焼は一定の圧力の条件で行われるものとする．
　火炎をはさんだ気体のエネルギーの授受を図2.4に示す．
　（1）　**火炎面に近づく未燃ガスが受け取る熱量**
　未燃ガスの温度は T_u から T_{ig} まで上がるので，未燃ガスの定圧比熱を c_p とすれば，温度を上げるために必要な単位質量当たりの熱量 C は

■図2.4　火炎面前後の熱の授受

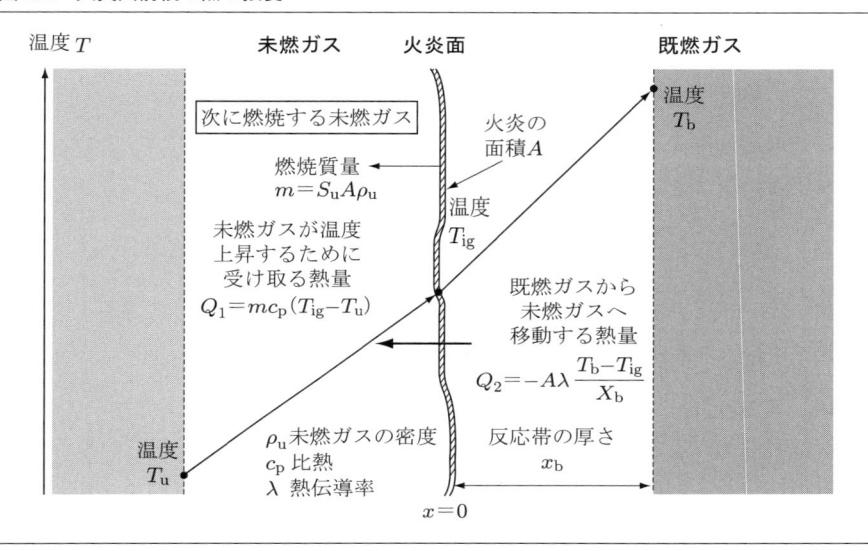

図中ラベル:
- 温度 T
- 未燃ガス
- 火炎面
- 既燃ガス
- 次に燃焼する未燃ガス
- 火炎の面積 A
- 燃焼質量 $m = S_u A \rho_u$
- 温度 T_{ig}
- 温度 T_b
- 未燃ガスが温度上昇するために受け取る熱量 $Q_1 = m c_p (T_{ig} - T_u)$
- 既燃ガスから未燃ガスへ移動する熱量 $Q_2 = -A\lambda \dfrac{T_b - T_{ig}}{X_b}$
- ρ_u 未燃ガスの密度
- c_p 比熱
- λ 熱伝導率
- 反応帯の厚さ x_b
- 温度 T_u
- $x=0$

$$C = c_p(T_{ig} - T_u) \tag{2.1}$$

である．単位時間に火炎面に流入する未燃混合気の質量 m は，単位時間に燃焼した質量に等しい．燃焼速度を S_u，未燃ガスの密度を ρ_u，火炎面の面積を A とすると，単位時間に燃焼する体積は $S_u A$ となるから

$$m = S_u A \rho_u \tag{2.2}$$

となる．未燃ガスが T_u から T_{ig} まで上がるために必要な，単位時間に受け取る熱量 Q_1 は熱容量 C と質量 m を用いて

$$Q_1 = m \cdot C \tag{2.3}$$

で表されるから，式 (2.3) に式 (2.1)，(2.2) を代入して Q_1 は次の式になる．

$$Q_1 = m \cdot C = S_u A \rho_u c_p (T_{ig} - T_u) \tag{2.4}$$

（2）**既燃ガスが失う熱量**

既燃ガスが失う熱量は，**熱伝導**によって未燃ガスに移動すると考える．

熱伝導による単位面積当たりの移動熱量は，空間的な温度変化である温度勾配 (dT/dx) と物質固有の熱の伝わりやすさである**熱伝導率** λ に比例する．単位面積，単位時間当たりの熱の移動量は**熱流束**とよばれ，熱流束 q は熱伝導の法則から，次のように熱伝導率と温度勾配の積で表される．

$$q = -\lambda \left(\dfrac{dT}{dx} \right) \tag{2.5}$$

火炎面での熱流束は，点火温度位置 ($x=0$) における温度勾配 $(dT/dx)_{x=0}$ と

熱伝導率 λ によって決まるので，移動する熱量は熱流束に伝熱面積 A をかければ，既燃ガスからの単位時間当りの移動熱量 Q_2 を次のように求めることができる．

$$Q_2 = -A\lambda\left(\frac{dT}{dx}\right)_{x=0} \tag{2.6}$$

ここで温度勾配は T_{ig} から T_b まで直線的であるとし，T_{ig} から T_b までの距離である反応帯の厚さを x_b とすると，$x=0$ における温度勾配は

$$-\left(\frac{dT}{dx}\right)_{x=0} = \frac{T_b - T_{ig}}{x_b} \tag{2.7}$$

これを式 (2.6) に代入して Q_2 を求めると，次式となる．

$$\therefore \quad Q_2 = -A\lambda\frac{T_b - T_{ig}}{x_b} \tag{2.8}$$

（3） エネルギーバランスから**燃焼速度**を導く

燃焼は時間的に安定している定常状態であることから，（1），（2）の両者の熱量の絶対値は等しく，両者の和は 0 になる．
つまり，

$$Q_1 + Q_2 = 0 \tag{2.9}$$

である．この式に式 (2.6)，(2.8) を代入すると

$$S_u A \rho_u c_p (T_{ig} - T_u) = A\lambda \frac{T_b - T_{ig}}{x_b} \tag{2.10}$$

となり，この式から次のように燃焼速度 S_u を求めることができる．

$$S_u = \frac{\lambda}{\rho_u c_p} \frac{T_b - T_{ig}}{T_{ig} - T_u} \frac{1}{x_b} \tag{2.11}$$

これを**マラール・ルシャトリエ**（Malard-LeChatelier）**の式**という．

■**例題 2.1** プロパンと空気の混合気の常温における燃焼速度を求めなさい．ただし，プロパンの点火温度は 550℃，燃焼温度は 1 900℃ とし，反応している部分（反応帯）の厚さは 0.20 mm とする．また，プロパンと空気の混合気のほとんどは空気であるので，物性値は空気の値を用いる．空気の物性値は，熱伝導率 $\lambda=0.024$ J/(m·s·K)，密度 $\rho=1.25$ kg/m³，比熱 $c=1.003$ kJ/(kg·K) とする．

➡**解答** 常温を 25℃ とし，与えられた数値を式 (2.11) に代入してみる．

$$S_u = \frac{0.024}{1.25 \times 1.003 \times 10^3} \frac{1\,900 - 550}{550 - 25} \frac{1}{0.2 \times 10^{-3}} = 0.25 \quad [\text{m/s}]$$

したがって燃焼速度は約 25 cm/s 程度となる．この問題で与えた仮定が正しければ，燃焼速度はこの程度であることになり，実測値もこれに近い．

2.5 マラール・ルシャトリエの式の利用

2.4 節で火炎面前後のエネルギーバランスから燃焼速度を求め，マラール・ルシャトリエの式を導いた．この式を利用して，いろいろな因子が燃焼にどのように影響するかを説明することができる．

(1) 燃焼限界の存在

燃料と空気が混ざっていれば，どのような条件でも燃焼できるわけではない．極端な例を考えてみると，燃料が少なくほとんど空気だけの混合気では燃焼しないし，空気がほとんどなく，燃料が非常に多い場合では燃焼できない．この理由を考えてみる．

混合気の混合比が適正な割合に対して燃料が多い**過濃混合気**，または燃料が少ない**希薄混合気**で燃焼を試みると，空気と燃料が適正に混ざっている理論混合比の混合気の燃焼の場合に比べて，燃焼温度 T_b が下がる．点火温度 T_{ig} は混合気の組成によって変わるが，燃焼温度と同様に低下することはない．適正な混合比でなければ，点火温度はむしろ上がる．つまり，T_b は下がって T_{ig} は上がる．したがって，式 (2.11) の分子に含まれる $(T_b - T_{ig})$ は適正な混合比から離れるにしたがって小さくなり，0 に近づく．つまり，燃焼速度 S_u は 0 に近づく．これは燃焼しなくなることを示していて，混合気には条件によって燃焼できなくなる**燃焼限界**が存在することを表している．

(2) 最大燃焼速度を与える混合比

燃焼温度 T_b は，最適な混合比である理論混合比付近で最大となる．点火温度 T_{ig} は，この付近で少なくとも大きくはならないから，式 (2.11) の分子の中の $(T_b - T_{ig})$ は大きくなる．つまり，燃焼速度が大きくなり，最大燃焼速度を与える混合比は最適な混合比付近であることがわかる．

(3) 混合気の熱力学的な性質の影響

式 (2.11) から混合気の密度，比熱が大きくなると燃焼速度は下がり，熱伝導率が大きいと燃焼速度は上がることがわかる．

このように，式 (2.11) は単純なエネルギーバランスの式から導いた式ではあるが，燃焼に関する多くの事実を説明する場合に十分なものである．

2.6 燃焼速度を求める（2）

2.4節で説明した燃焼速度の求め方とは別の観点から燃焼速度を求める．

定常燃焼であることから，燃焼している火炎面付近では熱エネルギーの変化の総和は0になっていると考える．つまり，図2.5に示すように，熱移動量の変化分，火炎面に取り込まれる未燃ガスのもつエネルギーの変化分，燃焼部分での発生熱量はバランスしていなければならない．

■図2.5 火炎面前後の熱エネルギーと物質の移動

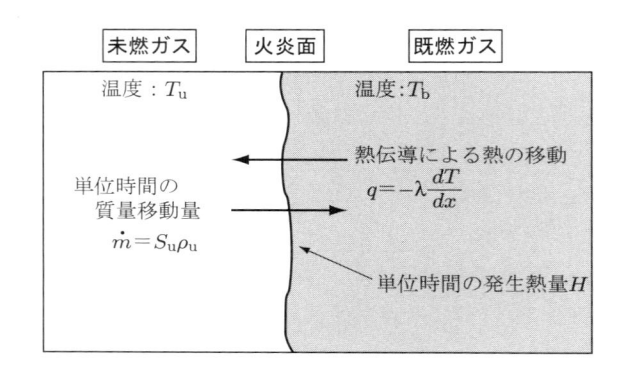

（1） 熱伝導による伝熱量の空間的変化

位置 x における温度を T とすると，単位面積当たりの熱移動量の変化 dQ_{cd} は，熱伝導の式（2.5）を空間で微分して次式となる．

$$dQ_{cd} = \frac{d}{dx}\left(-\lambda\frac{dT}{dx}\right) \tag{2.12}$$

（2） 空間的な温度変化によるエンタルピーの変化

相対的な火炎面に対する質量移動量を $\dot{m}$ とすると，単位質量当たりのエンタルピーは $c_p T$ であるから，エネルギー変化 dQ_{en} は次式で求められる．

$$dQ_{en} = -\dot{m}\frac{d}{dx}(c_p T) \tag{2.13}$$

（3） 化学反応による熱量の変化

単位質量当たりの発熱量を H とすると，単位時間当たり化学反応による発熱量の変化 dQ_{re} は次式のようになる．

$$dQ_{re} = \dot{m}\frac{d}{dx}H \tag{2.14}$$

（4） エネルギーバランスによる温度の方程式

以上の熱量の関係はこの三つのエネルギー，式 (2.12)〜(2.14) がバランスすることから

$$-dQ_{cd} + dQ_{en} + dQ_{re} = 0 \tag{2.15}$$

である．この式に，式 (2.12)，(2.13)，(2.14) を代入して

$$\frac{d}{dx}\left(\lambda\frac{dT}{dx}\right) - \dot{m}\frac{d}{dx}(c_p T) + \dot{m}\frac{d}{dx}H = 0 \tag{2.16}$$

ここで計算を簡単にするために λ，c_p は位置に関係なく（正確には各位置での温度に関係なく）一定であるとすれば

$$\lambda\frac{d^2T}{dx^2} - \dot{m}c_p\frac{dT}{dx} + \dot{m}\frac{d}{dx}H = 0 \tag{2.17}$$

ここで，質量移動速度 $\dot{m}$ は，すなわち単位面積当たりの燃焼量であるから，燃焼速度 S_u と未燃ガスの密度 ρ_u で表すことができ，

$$\dot{m} = S_u \rho_u \tag{2.18}$$

よって，式 (2.17) は

$$\lambda\frac{d^2T}{dx^2} - S_u\rho_u c_p\frac{dT}{dx} + S_u\rho_u\frac{d}{dx}H = 0 \tag{2.19}$$

これで燃焼速度を含んだ温度の微分方程式が求まった．

つぎにこの方程式を解いてみる．計算を簡単にするために，点火温度位置から未燃側について考える．

この方程式の境界条件は，未燃部分（x の−側）では発熱がないから，$x \leq 0$ では $H = 0$，また，はるかに左側では未燃ガスの温度であるから，$x = -\infty$ で $T = T_u$，$x = 0$ では点火温度であるから，$T = T_{ig}$ である．この条件のもとに積分して温度を求めると

$$T - T_u = (T_{ig} - T_u)\exp\left(\frac{S_u\rho_u c_p}{\lambda}x\right) \tag{2.20}$$

これで，燃焼速度，位置をパラメータとして温度分布がわかった．

ただし，方程式の解を求める条件を簡略化しているため，x が正で大きい位置で式 (2.20) を利用すると温度が非常に高くなってしまい，適用できない．

（5） マラール・ルシャトリエの式の確認

式 (2.20) からマラール・ルシャトリエの式を求める．

温度勾配を求めるために，この式を微分して

$$\frac{dT}{dx} = \frac{S_u \rho_u c_p}{\lambda}(T_{ig} - T_u)\exp\left(\frac{S_u \rho_u c_p}{\lambda}x\right) \tag{2.21}$$

$x=0$ における温度勾配は，$x=0$ を代入して

$$\left(\frac{dT}{dx}\right)_{x=0} = \frac{S_u \rho_u c_p}{\lambda}(T_{ig} - T_u) \tag{2.22}$$

一方，先と同様に，点火温度から既燃ガス温度までの変化が直線的であるとすれば，その温度勾配は次のようになる．

$$\left(\frac{dT}{dx}\right)_{x=0} = \frac{T_b - T_{ig}}{x_b} \tag{2.23}$$

式（2.22）と式（2.23）を等しいとおいて燃焼速度 S_u を求めると

$$S_u = \frac{\lambda}{\rho_u c_p}\frac{T_b - T_{ig}}{T_{ig} - T_u}\frac{1}{x_b} \tag{2.24}$$

これは先に求めたマラール・ルシャトリエの式（2.11）である．

（6） 発熱量を含んだ燃焼速度の式

$x=0$ から x_b の範囲では温度勾配は一定としたから

$$\frac{d^2 T}{dx^2} = 0 \tag{2.25}$$

である．これを式（2.19）に代入すると

$$-S_u \rho_u c_p \frac{dT}{dx} + S_u \rho_u \frac{d}{dx}H = 0 \tag{2.26}$$

燃焼による発熱は反応帯 x_b で起こっていて，これ以外では発熱はない．この区間で均一に熱発生が起こっているとすれば

$$\frac{d}{dx}H = \frac{H}{x_b} \tag{2.27}$$

となる．

また，燃焼している部分の温度勾配には式（2.22）が成り立つ．これを式（2.26）に代入すると

$$-S_u \rho_u c_p \frac{S_u \rho_u c_p}{\lambda}(T_{ig} - T_u) + S_u \rho_u \frac{H}{x_b} = 0 \tag{2.28}$$

$$\therefore\ S_u = \frac{\lambda}{\rho_u c_p^2}\frac{1}{T_{ig} - T_u}\frac{H}{x_b} \tag{2.29}$$

したがって，燃焼速度は，発熱量については混合気の発熱量 H に比例することがわかる．

■**例題 2.2** プロパンと空気の混合気の常温の燃焼速度を求めなさい．ただし，空気とプロパンの割合は 15：1，反応している部分の厚さは 0.2 mm，プロパンの発熱量は 50.4 MJ/kg とし，例題 2.1 と同じように，混合気の物性値は空気の値が使えるものとし，点火温度も例題 2.1 を参照しなさい．

➡**解答** 常温を 25℃ とし，与えられた数値を式 (2.29) に代入して計算する．ここで，空気と燃料の割合は 15：1 であるから，混合気の単位質量当たりの発熱量は燃料そのもののもつ発熱量の $1/(15+1)$ になる．

$$S_u = \frac{0.024}{1.25 \times (1.003 \times 10^3)^2} \frac{1}{550-25} \frac{50.4 \times 10^6}{(15+1)} \frac{1}{0.2 \times 10^{-3}}$$
$$= 0.57 \text{ [m/s]}$$

これは例題 2.1 の約 2 倍であるが，燃焼速度のオーダーとしてはほぼ一致しており，プロパン混合気の燃焼速度が 45 cm/s 程度の実測結果もあるので妥当と考えられる．

2.7 予熱帯の厚さ

2.3 節で説明したように，燃焼している火炎を詳細に見ると，これから燃焼する未燃ガスの温度が既燃ガスから熱を受けて点火温度まで温度上昇する予熱帯と，点火温度から燃焼が終了して高温の既燃ガスになるまでの実際に発熱する部分の反応帯に分けられる．この**予熱帯の厚さ**がどの程度であるかを推定してみる．

図 2.3 に示した未燃ガスの温度 T_u から点火温度 T_{ig} までの区間が予熱帯である．この区間の長さ（厚さ）を $δ_p$ とする．実際には T_u の立ち上がりは緩慢で，どこ

■**図 2.6** 予熱帯の領域の定義（温度分布）

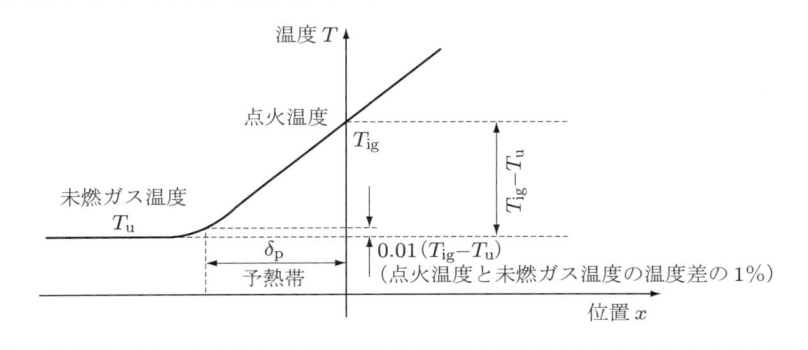

からが予熱帯であるか判別するのが難しいため、便宜上、図2.6に示すようにT_uから$(T_\mathrm{ig}-T_\mathrm{u})$の1%分の温度上昇した位置を予熱帯の始まりとする.
すなわち、予熱帯の始まる部分の温度Tは次の式を満たす.

$$\frac{T-T_\mathrm{u}}{T_\mathrm{ig}-T_\mathrm{u}}=\frac{1}{100} \tag{2.30}$$

これを式(2.20)に代入し、$x=-\delta_\mathrm{p}$を代入して両辺対数をとると

$$-2=\frac{S_\mathrm{u}\rho_\mathrm{u}c_\mathrm{p}(-\delta_\mathrm{p})}{\lambda}\log e$$

$$\therefore \quad \delta_\mathrm{p}=\frac{4.6\lambda}{S_\mathrm{u}\rho_\mathrm{u}c_\mathrm{p}} \tag{2.31}$$

となる.

これが予熱帯の厚さである.

■**例題 2.3** 燃焼速度が1.0 m/sである場合の予熱帯の厚さを推定しなさい.ただし、予混合気は空気が主体であることから、予混合気の物性値は空気と同じとする.

空気の物性値は、熱伝導率$\lambda=0.024\,\mathrm{J/(m\cdot s\cdot K)}$、密度$\rho=1.25\,\mathrm{kg/m^3}$、比熱$c=1.003\,\mathrm{kJ/(kg\cdot K)}$とする.

➡**解答** 本文の式(2.31)を利用して、問題で与えられた物性値を代入すると

$$\delta_\mathrm{p}=\frac{4.6\lambda}{S_\mathrm{u}\rho_\mathrm{u}c_\mathrm{p}}=\frac{4.6\times 0.024}{1.0\times 1.25\times 1.003\times 10^3}=0.088\times 10^{-3}\;[\mathrm{m}]$$

したがって、予熱帯の厚さは0.1 mmオーダーであることがわかる.

なお、式(2.31)に出てくる物性値の比である次のaで表される値

$$a=\frac{\lambda}{\rho_\mathrm{u}c_\mathrm{p}} \tag{2.32}$$

は、熱移動現象で時間的に変化する非定常の熱移動の活発さを表す熱拡散率とよばれるものである.

2.8 反応帯の厚さ

図2.3に示した点火温度T_igから既燃ガスの温度T_bまでの距離x_bは反応帯とよばれる.つまり、x_bは**反応帯の厚さ**である.

この x_b はマラール・ルシャトリエの式（2.11）を書き直して，

$$x_b = \frac{\lambda}{\rho_u c_p} \frac{T_b - T_{ig}}{T_{ig} - T_u} \frac{1}{S_u} \tag{2.33}$$

ここで，燃焼温度は1 500～2 500℃程度，点火温度は600～1 000℃程度であるから，およそ

$$T_b - T_{ig} = T_{ig} - T_u \tag{2.34}$$

である．よって式（2.32）は

$$x_b = \frac{\lambda}{\rho_u c_p} \frac{1}{S_u} \tag{2.35}$$

ここで，この式を予熱帯の厚さ式（2.31）と比較すると，予熱帯の厚さは反応帯の4.6倍であることがわかる．これは概略計算ではあるが，予熱帯の厚さは反応帯に比べて数倍大きいことがわかる．先の図2.3は両者をほぼ等しいイメージで示したが，この事実から図2.3のイメージ図は誤りであり，実際は図2.7のようになっていることが推定される．

■図2.7 実際の火炎面における空間的温度分布

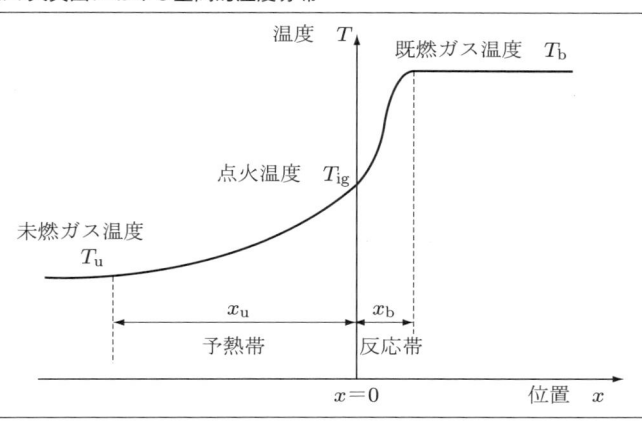

2.9 発光帯

火炎面の発光は高温ガス中の C_2（光の波長：0.5165 μm），CH（光の波長：0.3872 μm），OH（光の波長：0.3064 μm），CHO などの高いエネルギーをもった**活性基**による場合が多い．活性基ができる速さおよび発光遅れ時間は長くて 1 μs（10^{-6} s）以下とされており，このことから反応帯と発光している部分である**発光帯**は，ほぼ一致していると考えてよい．

なお，既燃ガス中では温度は高くても，燃焼反応が終了した後は活性基の濃度が急激に下がるため，活性基からの発光はほとんどない．ただし，第3章で述べるように拡散燃焼の場合には既燃ガス中に微粒子が存在することが多く，微粒子の固体が高温になって光を出す固体放射としての発光が，燃焼火炎面以外の既燃部分で観測されることがある．

2.10 予熱帯，反応帯の実例

実際の反応帯の厚さなどを，いくつかの燃料と酸化剤の条件について表2.1に示す．先に概算した結果でもそうであるが，この表にみられるように，火炎の厚さは通常0.1〜1mm程度である．

表2.1 火炎の厚さの例

燃料／酸化剤	燃焼速度 [cm/s]	反応帯厚さ [mm]	予熱帯厚さ [mm]	火炎厚さ [mm]
アセチレン／酸素	800	0.021	0.034	0.055
アセチレン／空気	150	0.065	0.18	0.245
アセチレン／アルゴン／空気*)	240	0.045	0.11	0.155
ブタン／空気	40	0.2	0.7	0.9

*) アルゴンは不活性なガスであるが，この混入によって熱伝導率が高くなり，燃焼速度が増加する特別な例である．

2.11 火炎面前後の圧力差

層流燃焼速度は極端に早い混合気でも数m/s程度であり，燃焼波の速度が音速に比べて小さいので，未燃ガスも既燃ガスも非圧縮性の気体として取り扱うことができる．

したがって，気体の速度をSで表すと，運動量の変化ΔMと圧力勾配ΔPは次式で表される．

$$\Delta M = \rho_u S_u \frac{dS}{dx} \tag{2.36}$$

$$\Delta P = -\frac{dP}{dx} \tag{2.37}$$

ここで，運動量の変化は圧力勾配によって起きるから

$$\Delta M = \Delta P \tag{2.38}$$

$$\therefore \quad \rho_u S_u \frac{dS}{dx} = -\frac{dP}{dx} \tag{2.39}$$

$$\therefore \quad -dP = \rho_u S_u dS \tag{2.40}$$

これを状態 u（未燃）から状態 b（既燃）まで積分すると

$$P_u - P_b = \rho_u S_u (S_b - S_u) \tag{2.41}$$

ここで，火炎面で未燃ガスと既燃ガスの連続条件から次の式が成り立つ．

$$\rho_u S_u = \rho_b S_b \tag{2.42}$$

式（2.42）を式（2.41）に代入して

$$P_u - P_b = \rho_u S_u{}^2 \left(\frac{\rho_u}{\rho_b} - 1\right) \tag{2.43}$$

これが燃焼火炎面前後の圧力差である．

■例題 2.4　火炎面前後の圧力差を推定しなさい．ただし，混合気の物性は空気と同じとし，燃焼前の温度を常温，燃焼後の温度を 2500℃，燃焼速度を 1 m/s とする．

➡解答　概略計算であるので，空気の密度を 1.2 kg/m³，未燃ガスと既燃ガスの密度比は温度比の逆数とすると

$$\frac{\rho_u}{\rho_b} = \frac{2500 + 273}{25 + 273} = 9.46$$

これらの数値を式（2.43）に代入して

$$\therefore \quad P_u - P_b = 1.2 \times 1^2 \times 8.46 = 10.1 \quad [\text{Pa}]$$

つまり，火炎面前後の圧力差は，大気圧に比べて無視できる程度に小さいことがわかる．

2.12　層流燃焼速度に影響する因子

燃焼速度を与える概略的な式を求めた結果でもわかるように，燃焼速度にはいろいろな因子が影響する．これまで報告されている多くの実験結果や資料，参考書から燃焼速度に影響する因子とその影響度を説明する．

(1) 初期温度

燃焼は基本的に化学反応に依存するところが大きいため,温度が上がると燃焼速度は速くなる.温度の影響は温度上昇によって温度の上昇率以上に燃焼速度が増加する.

図2.8にメタン,プロパン,エチレンを燃料として用い,これらの燃料と空気の混合気の**初期温度** T と燃焼速度 S_u の関係を示す.ここで a, b, c は定数,T_0 は基準温度である.

実験式として

$$S_u = a + b \cdot T^2 \tag{2.44}$$

$$S_u = c \cdot \exp(T - T_0) \tag{2.45}$$

など,温度上昇以上に燃焼速度が増加する式が示されている.ただし,燃焼速度は無限に速くなるものではないので,ある程度以上では頭打ちとなる.

また,燃焼温度は初期温度の上昇分だけは上がらない.それは実際の燃焼ガスでは温度上昇によって比熱が増加すること,また高温では**熱解離**という発熱反応とは逆の反応の割合が多くなるためである.

■図2.8 初期温度と燃焼速度の関係

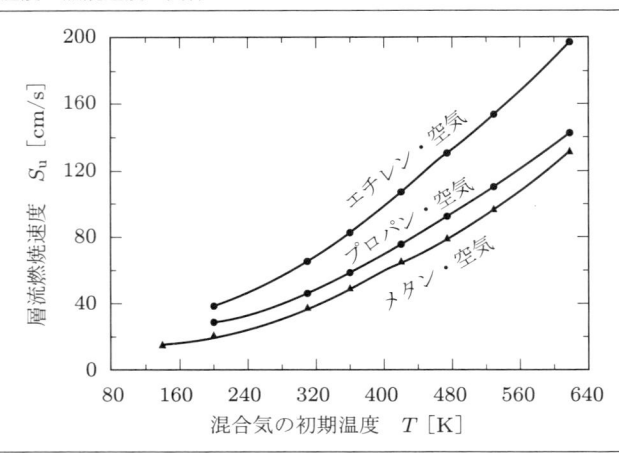

(2) 圧　力

圧力の影響は,一般的には次式で与えられるとされている.すなわち,状態 a と状態 b における圧力の影響は,圧力比の指数乗 (n) で影響するというもので,状態 a の圧力と燃焼速度をそれぞれ $P(a)$, $S_u(a)$,状態 b でのそれらを $P(b)$, $S_u(b)$ とすると

■図 2.9　燃焼速度に与える圧力の影響

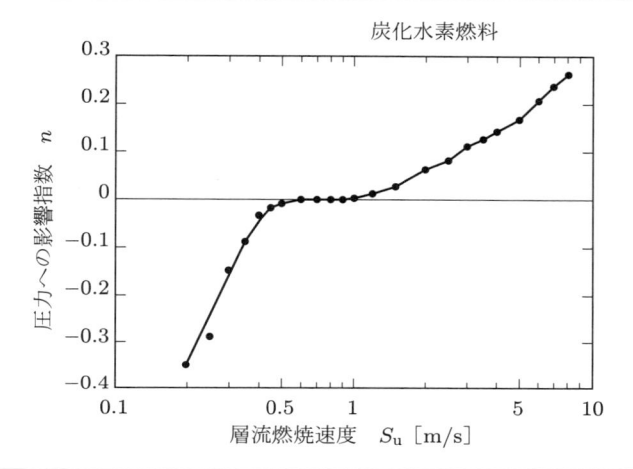

$$\frac{S_u(a)}{S_u(b)} = \left(\frac{P(a)}{P(b)}\right)^n \tag{2.46}$$

ここで n の値は燃焼速度によってほぼ決まるもので，図 2.9 のような実験結果が報告されている．

このように n の値は燃焼速度によって変化するが，n の値は 1 よりかなり小さく

■図 2.10　混合比と燃焼速度の関係

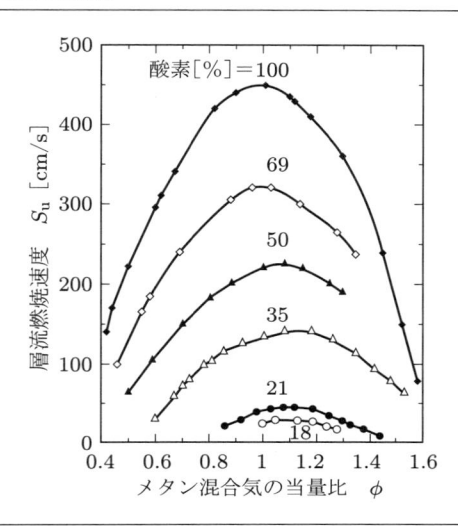

0 に近い値である．したがって，圧力の影響は少ないと考えてよい．

（3） 混合比

燃焼速度の最大値を与える混合比は適正混合比付近で，燃焼温度が最大となる混合比とほぼ一致する．メタンを燃料とした場合の例を図 2.10 に示す．

図 2.10 は横軸が当量比であり，当量比 1 は理論的に燃料と酸素（空気）が過不足ない状態の混合割合をいう．当量比が 1 以下は空気に対して燃料が少ない場合を，当量比が 1 より大きい部分は，完全燃焼できるために必要な空気に比べて燃料が多い燃料過剰な領域を示している．図のパラメーターは酸化剤である気体の中の酸素濃度であり，酸素の割合にかかわらず混合比に対しては，ほぼ当量比 1（完全燃焼できる割合）付近で燃焼速度は最大となる．ただし，酸化剤が空気の条件（酸素濃度 21％）と純粋酸素の場合とでは，燃焼速度に約 10 倍の開きがある．また過濃，希薄の混合比では，たとえ酸化剤が純粋酸素であっても燃焼しない領域が存在する．

（4） 水分と添加剤

水分は不活性であり，また比熱も大きいので一般には水分が混入されると燃焼速度は下がる方向にある．特別な例としては CO と酸素の混合気があり，図 2.11 に見られるように，水分のモル分率が 1～10％程度では一般の混合気とは逆に，火炎速度が増加する．

ガソリンエンジンで，異常燃焼が起こらないように燃料の耐ノック性を上げるために，ガソリンに添加剤が用いられたが，ノックに対する抑制効果はあるが，燃焼速度そのものにはほとんど影響がないといわれている．ただし，現在では公害対策

■図 2.11　水分の混入によって燃焼速度が増加する特殊な例

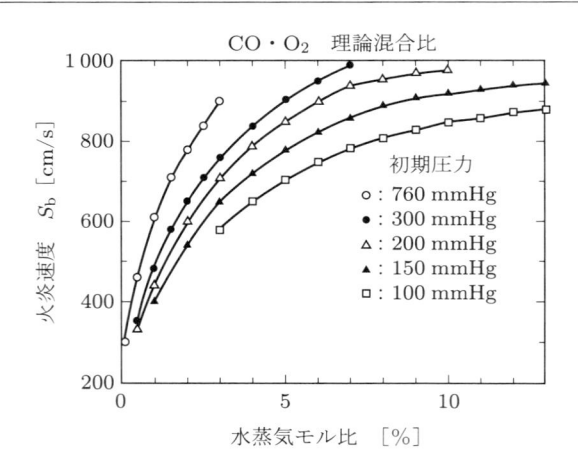

からガソリンに添加剤は使用されていない.

（5） 超音波

超音波によって燃焼速度が上がる例がある．一例として石炭ガスと空気の予混合気において，通常 24.4 cm/s の燃焼速度のものが，500 kHz の超音波をあてることにより，27.7 cm/s まで約 14％増加した実験結果がある．超音波がどのような役割をしているか明確ではないが，分子レベルでの振動が熱移動や分子の拡散に影響を及ぼしていることが考えられる．

第 2 章　演習問題

1. 層流火炎についてその特徴を簡単に説明しなさい．
2. 火炎伝播のメカニズムを説明しなさい．
3. マラール・ルシャトリエの式で表される燃焼速度を求める場合の考え方を説明しなさい．
4. 火炎帯とよばれる火炎の部分はどのように分類できるか説明しなさい．
5. 発光帯とは火炎のどのような部分を指すのか述べなさい．
6. 燃焼速度が 50 cm/s である予混合気の反応帯の厚さを推定しなさい．ただし，予混合気は空気が主体であり，空気の物性値は，熱伝導率 $\lambda = 0.024 \, \text{J/(m·s·K)}$，密度 $\rho = 1.25 \, \text{kg/m}^3$，比熱 $c = 1.003 \, \text{kJ/(kg·K)}$ とする．
7. 空気を酸化剤とした予混合気がある．定圧燃焼であるとして，この場合の燃焼火炎面前後の圧力差を概算しなさい．ただし，予混合気の層流燃焼速度を 1.0 m/s とし，その成分は空気が主体であり，密度 $\rho = 1.25 \, \text{kg/m}^3$ であるとし，燃焼前の温度は 300 K，燃焼後の温度は 1 800 K とする．
8. 層流燃焼速度に影響する因子を述べなさい．

3 バーナー拡散火炎

【典型的な拡散火炎,ブンゼンバーナーの拡散燃焼】

拡散燃焼のもっともわかりやすい例は,単純なバーナー拡散火炎である.この章では,主にバーナー拡散火炎を例に,予混合燃焼と拡散燃焼との相違や,拡散燃焼の基本的な現象について理解を深める.

3.1 拡散燃焼

予混合燃焼は,第2章で説明したように気体燃料と空気(または酸素)が燃焼前に十分に混合した状態で燃焼することをいう.

拡散燃焼は予混合燃焼とは異なり,燃料と空気(または酸素)が混合しながら燃焼する.したがって,予混合燃焼の場合と比較すると,拡散燃焼では燃料が燃焼するまでに,'燃料と空気(または酸素)が混合する'というプロセスが加わることになり,燃焼の形態としては複雑である.一般的には,この混合するプロセスが燃焼の状態を支配する.

一番よく目にする拡散燃焼の例は,図3.1に示すようなバーナー火炎である.バーナーの出口からは燃料だけが流れ出し,周囲の空気を巻き込んで混合気を作る.

この混合気の燃料と空気が燃焼可能な割合になって，この部分に燃焼を開始できるエネルギー，または燃焼を継続できるエネルギーが供給されると，拡散燃焼として燃焼が続く．したがって，拡散燃焼では燃料と空気が継続的に混合できなかったり，燃料と空気が適切な割合でなかったり，または継続できるようなエネルギーが燃料と空気の混合した部分に供給されなかったりすると，燃焼が中断され，燃え続けることはできない．

■図3.1　拡散燃焼の典型的な例（バーナー火炎）

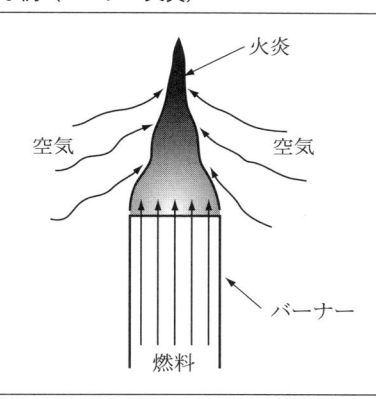

拡散燃焼の場合の燃料としては，液体の燃料が用いられる場合も多いが，工業的には液体の燃料そのものが液体のままで燃焼する場合は少ない．供給された液体燃料は最終的には気化して気体となり，この気体燃料が空気と混合して燃焼するケースが多いので，燃焼している部分については気体燃料の燃焼と同じと考えていい．液体燃料の粒子が燃焼する場合については，第4章で説明する．

3.2　バーナー拡散火炎の形態

バーナー火炎は管の口から出る燃料または混合気が燃焼する火炎の総称で，連続して燃焼させる燃焼器の基本である．このうち，管の入り口に燃料だけを供給する場合には燃焼は必ず拡散燃焼となり，この**バーナー拡散火炎**が拡散燃焼の基本として考えやすい．

バーナー拡散火炎には主に図3.2に示すような次の4種類がある．
  ①　単一の管から燃料を流出させてできる**自由噴流火炎**
  ②　自由噴流火炎の外側に筒をつけた**同軸流火炎**あるいは**平行流火炎**

③ 燃料と空気を反対方向から流して衝突させ，ここで燃焼させる**対向流火炎**
④ 穴のあいた板から燃料を流出させ，板に平行に空気を送って燃焼させる**境界層吹き出し火炎**

■図 3.2　バーナー拡散火炎の種類

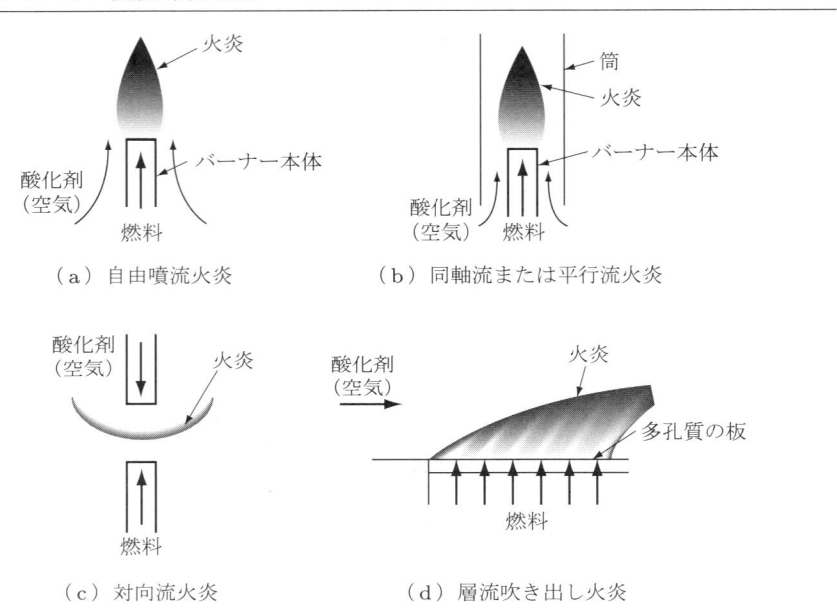

（a）自由噴流火炎　　（b）同軸流または平行流火炎

（c）対向流火炎　　（d）層流吹き出し火炎

バーナー火炎の具体的な例としては，理科の実験によく用いられる**ブンゼンバーナー**がある．通常使用するときは予混合火炎の状態で使用するが，空気の量を少なくすると拡散火炎となる．さらに身近な例では図 3.3 に示すガスライターの炎のほと

■図 3.3　ガスライターの炎

んどの部分が拡散燃焼である．基本は上に述べた自由噴流火炎であるが，風で消えないように周囲にカバーがついているため，図3.2の同軸流火炎に近い状態であり，予混合火炎と拡散火炎の両方が存在する．

3.3 拡散火炎の構造

拡散火炎の構造や燃焼に影響する因子などを以下に述べる．

3.3.1 火炎の構造

拡散火炎では，これまでに説明したように燃料と空気が混合しながら燃焼する．燃焼している部分の近くでは，バーナー拡散火炎の燃焼している一部分を取り出して温度や組成を示すと，図3.4のようになっている．

■図3.4 拡散火炎の燃料，空気の濃度分布と温度分布

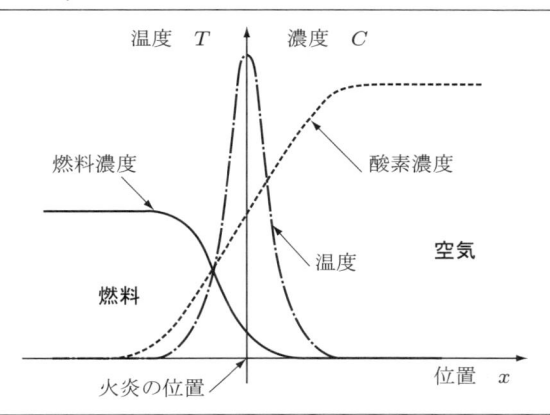

図3.4では中央の燃焼領域（火炎）を挟んで，左側が燃料，右側が空気である．左側の燃料の濃度は燃焼領域に近づくにしたがって燃焼によって消費され，減少する．右側の空気中の酸素濃度も燃焼領域に近づくにしたがって燃焼によって消費されるために減少する．この燃料と空気（または酸素）の割合が理論混合比付近で活発な燃焼が継続される．燃焼が活発な部分で温度は最大となる．この周辺でも，燃料と酸素が存在して燃焼が可能な範囲では不活発ながら燃焼がおこること，また，熱の移動現象によって周辺の気体が加熱されることによって，温度の上昇があり，温度分布は特定の位置で突出した形ではなく，周辺に裾野をもった分布となる．

火炎付近の成分の濃度分布や温度分布は，燃料の流出速度が一定であっても，燃

料の出口からの距離によって変化する．

一見，**拡散現象**は不安定な状態とも考えられるが，燃料と空気が定常的に供給されれば，安定した火炎が形成される．

3.3.2 燃焼を支配する因子

燃焼している部分では燃料と空気（酸素）が混合しており，予混合の状態になっている．このような状態での燃焼は化学反応に支配されていて，燃焼速度は燃料や空気の移動速度に比べて非常に速い．したがって，燃料と空気がお互いに混ざり合う拡散する速度が燃焼できる量を支配することになる．つまり，拡散燃焼では化学反応の速度より**燃料と空気の混合**するプロセスが燃焼できる量を支配している．

3.3.3 二次火炎

バーナーを用いて予混合火炎を作ることもできる．拡散火炎の場合にはバーナーの管からは燃料だけを出して燃焼させる例を説明した．図 3.5 に示したブンゼンバーナーでは下段が燃料の流量の調節弁で上段が空気の流量調節弁である．ここで燃料とともに空気を送り込むと，管から流出する気体は燃料と空気の混合した予混合気となり，燃焼させると管出口に予混合火炎を作ることができる．

■図 3.5　ブンゼンバーナー

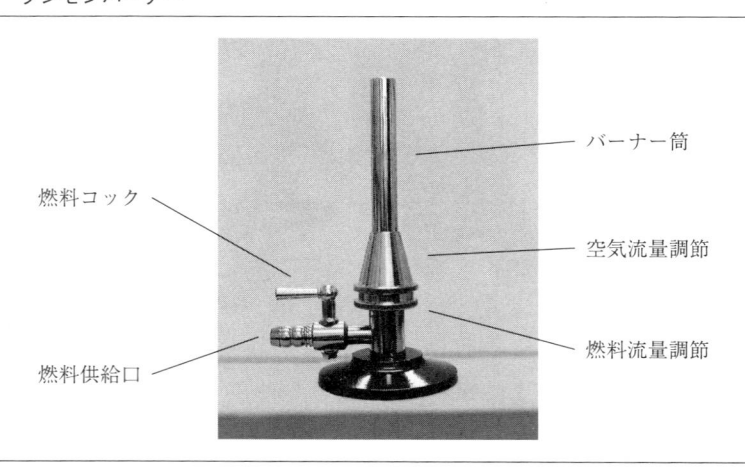

ブンゼンバーナーを用いて実際に燃料と空気を供給して火炎を作ってみると，空気の量を多くして予混合火炎だけを作ろうと思っても，なかなかうまくいかない．実際には図 3.6 に示すように，バーナー出口付近に活発に燃焼する円錐状の火炎ができ，そこからかなり離れた部分にも燃焼領域が観察される．

この外側の火炎を**二次火炎**という．内側の火炎は基本的に予混合火炎であるが，空気の量が少なかったり，十分な混合が行われなかったり，また混合気が火炎を通過する短時間に燃焼しきれなかったりするため，内側の火炎から外側へ未燃の燃料が流出する．この流出した燃料が周囲の空気中の酸素と混合して燃焼する．つまりこの部分は拡散火炎である．このようにバーナー火炎では予混合火炎と拡散火炎がともに存在する場合がある．

■図3.6　二次火炎の写真とイメージ図

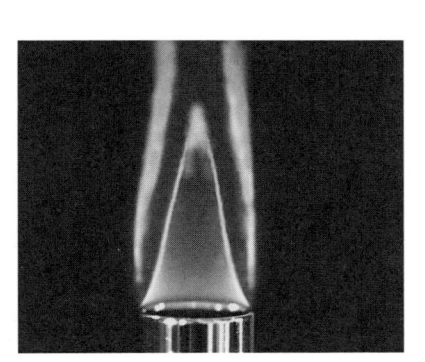

（a）バーナー二次火炎
（外側のうす明るい部分）

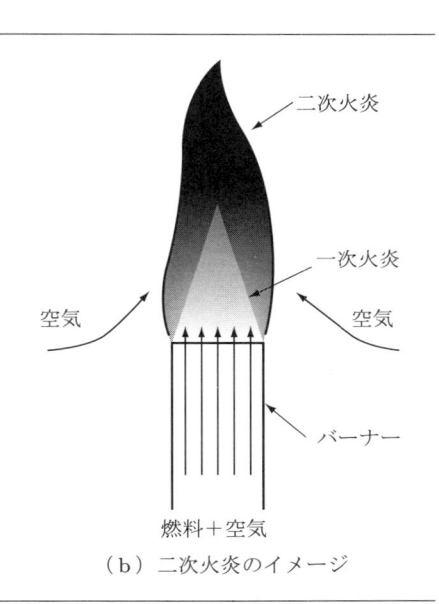

（b）二次火炎のイメージ

3.4　層流拡散火炎と乱流拡散火炎

自由噴流火炎において，図3.7に示すようにバーナー口から出る燃料の流出速度を上げていくと，最初は火炎の表面は比較的凹凸がない，なめらかな火炎面を持った拡散燃焼の状態で燃焼し，火炎の長さは短い．この火炎の表面がなめらかな層流的な火炎の長さは流速が速くなるにしたがって長くなる．燃料の流出速度をある程度以上に速くすると，火炎の最先端部にゆらぎが見られるようになり，さらに速くしていくと，このゆらいだ部分の火炎の割合が大きくなる．先端にゆらぎが発生したあと，これ以上燃料の流出速度を上げると，火炎の全長はほぼ等しいか，むしろ短くなる．火炎のゆらぎが発生した後，さらに流速を上げると，根元付近から先が

すべてゆらいだ火炎となり，これ以上流速を上げても火炎の形態はあまり変わらない．

図3.7のように，燃料の流速を上げていき，ゆらぎが発生するまでが**層流拡散火炎**（laminar diffusion flame）である．ゆらぎが発生してから，根元直後からゆらいだ火炎になっていく条件までが遷移領域であり，その後が**乱流拡散火炎**（turbulent diffusion flame）である．

この遷移条件は燃料によって異なり，バーナーの管の直径を代表長さとし，流出速度を代表速度とするレイノルズ数（Re 数）により，表3.1のようになる．

この**遷移領域**の値は，流体力学的な管内流の層流と乱流の境となる臨界レイノルズ数に近い値ではあるが，使用する燃料の燃焼速度とはまったく関係がない．

■図3.7　燃料速度を変えた場合の拡散火炎の火炎形状

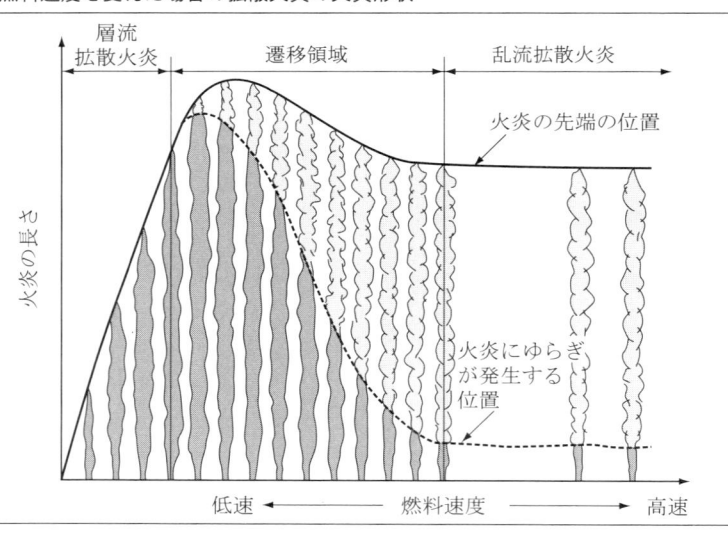

表3.1　遷移領域のRe 数

燃　料	Re 数
水　素	2×10^3
都市ガス	4×10^3
一酸化炭素	5×10^3
プロパン	9×10^3
アセチレン	10×10^3

3.5 拡散火炎の長さ

拡散火炎の長さについては，これまでもいくつかの実験式が示されていて，そのいくつかを以下に紹介する．拡散火炎の長さとはバーナー出口から火炎の先端部分までの距離をいう．

（1） 層流拡散火炎の長さ

ウォールら（K. Wohl, C. Gazley, N. Kapp）は実験によって，都市ガスを燃料とした場合の層流拡散火炎の長さ L [cm]と燃料の体積流量 V [cc/s]の間には次の関係があることを導いた．

$$L = \frac{1}{\frac{0.266}{\sqrt{V}} + \frac{0.354}{V}} \tag{3.1}$$

この式（3.1）は体積流量 V，つまりバーナーからの速度が大きくなると，火炎の長さ L は大きくなることを示している．体積流量は同じバーナーであれば，バーナー出口の速度でもある．V を上げると，$\sqrt{V}$ より V の方がより大きくなるので，分母の $0.354/V$ の値は $0.266/\sqrt{V}$ の値よりかなり小さくなり，燃料の流速の早い範囲では L は $\sqrt{V}$ に比例して長くなることがうかがえる．

（2） 乱流拡散火炎の長さ

バーナーからの流出流速 U に対して，都市ガスを燃料とした拡散火炎では，バーナーの直径を d，火炎の長さを L とすると，次の関係がある．

$$\frac{L}{d} = \frac{1}{0.00775 + \frac{3.80}{U}} \tag{3.2}$$

都市ガスに50％の空気を混入した場合では同様に

$$\frac{L}{d} = \frac{1}{0.0132 + \frac{3.23}{U}} \tag{3.3}$$

という実験式がある．

乱流拡散火炎では流速が非常に大きくなると，これらの式の分母の第二項（式（3.2）では $3.80/U$）は c を定数とすると，c/U の形であり，U が大きくなると c/U の値は分母の第一項の定数（式（3.2）では 0.00775）に比べて非常に小さくなる．たとえば，都市ガスのみの場合は式（3.2）から

$$\frac{L}{d} = \frac{1}{0.00775} = 129.0 \tag{3.4}$$

となり，乱流拡散火炎の長さは一定値に近づくことがわかる．これは図 3.7 で説明した結果と一致する．

さらに式（3.4）の結果から，L/d が一定値であるから，バーナー径 d を大きくすれば，それに比例して火炎長さ L が長くなることもわかる．

燃料の流速をある程度以上に上げた場合に L/d が一定になるという事は実用上，非常に重要である．たとえば，バーナーを使用した装置で物体を加熱したい場合，速く温度を上げるために単位時間に燃焼する質量，つまり燃料流量を増やしたとする．燃料流量，すなわち燃料の流速を上げた場合に，もし火炎長さが変わると，加熱物体とバーナー装置との距離を加熱したい速度によって変える必要があるが，この式（3.4）の結果はその必要がないことを示している．

■**例題 3.1** 乱流拡散火炎における燃料流量と火炎の長さの関係から，よく利用されるガスコンロでお湯を沸かす場合に，お湯を速く沸かしたい場合とゆっくり沸かしてもいい場合の状態について，やかんとガスコンロの位置の関係を考察しなさい．

➡**解答** ガスコンロでお湯を沸かす場合，早く沸かすためには単位時間に多くの燃料を供給して発生熱量を多くする必要がある．燃料を多く供給することは，燃料の速度を上げることである．燃料の速度が速い場合の式（3.4）を参照すると，火炎の長さは流速には関係なく一定となる．

つまり，ガスの流量がある程度以上に多くなると，火炎の長さが一定になることから，燃焼温度が高くなる火炎の先端付近にやかんの底がくるようにしておけば（ガスコンロはそのような設計になっている），いつも効率よく，ガスの燃焼による熱エネルギーをやかんに伝えることができる．つまり，沸かしたい速さによって，やかんの位置（高さ）を調節する必要はない．なお，ガスコンロの火炎は正確には予混合燃焼が主体である．

3.6 そのほかの拡散火炎

拡散火炎は工業的な燃焼炉などによく利用される．家庭でも使われるガスを燃料とした小型のボイラーもそうであるし，大型のタービンを駆動するための熱エネルギーの発生にも拡散燃焼がよく利用される．バーナーは定常的に熱エネルギーを供

給する一般的で有効な方法である．

　一方，定常的な拡散燃焼以外にも私たちの身近では拡散燃焼が利用されている．この章で説明してきた気体燃料の拡散燃焼ではないが，間欠的な拡散燃焼の例はディーゼルエンジンの燃焼にみられる．

　ディーゼルエンジンの中で起こっている燃焼は，図3.8にそのイメージを示すように，次のようにして行われる．エンジンのシリンダーの中で吸入した空気をピストンの上昇で圧縮する．高温高圧になった空気の中に液体燃料を高圧で噴射する．噴射された燃料は細かい燃料粒子になりながら空気中を飛び，飛行している間に気体へと蒸発する．この蒸発の過程で燃料と空気の混合も行われる．燃料と空気の割合は燃料を噴射した部分に近いかどうかなどによって分布があるが，燃料と空気の割合が過不足のない燃焼しやすい理論混合比に近くなった部分で燃焼が始まる．正確には，燃料または混合気は燃焼を開始するためのエネルギーを受けなければ燃焼しないし，高温になってもすぐに燃焼が始まるわけではなく，短い時間遅れ（着火遅れという）の後に燃焼する．燃料は短時間ではあるが継続的に供給され，燃料の噴射期間では，燃料の噴射，微粒化，蒸発，混合，燃焼の過程を連続的に繰り返し行っている．このようにして，ディーゼルエンジンの燃焼が行われ，クランク軸の1回転または2回転に1回づつ燃焼が繰り返される．

■図3.8　ディーゼルエンジンにおける拡散燃焼のイメージ

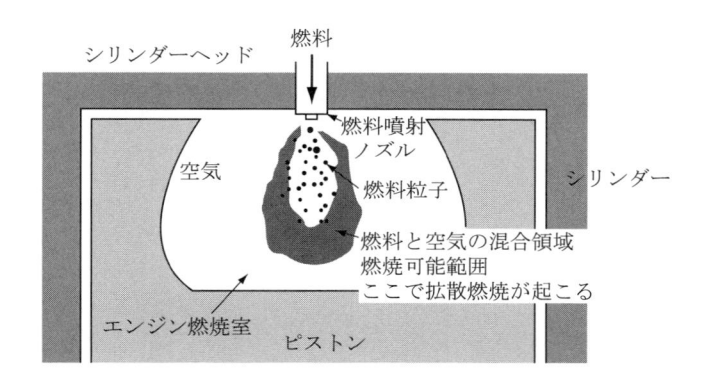

　液体燃料の燃焼は一般家庭でよく利用される暖房や風呂などのバーナーでも行われるが，液体燃料が気化するプロセスだけ，気体燃料の拡散燃焼より複雑になる．液体燃料の粒子の燃焼については第4章で説明する．

3.7 拡散火炎の形状の理論的な解析方法

拡散火炎は燃料と空気が適切な割合になったところ，すなわち理論混合比付近の状態で燃焼が活発となる．つまり空間的に燃料と空気の割合を数学的に解くことができれば，火炎の存在する位置が解析的に求められることになる．

理論的な解析は，燃料の濃度を推定する拡散方程式を，燃料や空気が供給される条件やバーナーの形状などを境界条件として解く．計算方法は非常に複雑であるので，詳しく知りたい場合には別途専門書を参考にするとよい．

第3章　演習問題

1. バーナー拡散火炎の種類を述べなさい．
2. 身近な拡散火炎の例を述べなさい．
3. 二次火炎とはどのようなものかについて説明しなさい．
4. バーナー拡散火炎の形，長さと燃料の速度の関係について説明しなさい．
5. ガスコンロなどで加熱する場合に，バーナーと加熱したいものとの距離の関係について述べなさい．
6. 単位時間の熱発生量を5kJ/sとしたい場合のバーナー孔の数を求めなさい．ただし，バーナー孔の直径を3mm，そこにおけるレイノルズ数を10×10^3になるようにする．燃料の発熱量は1.0MJ/kg，密度は1.8kg/m^3，動粘性係数は4.6×10^{-6}m^2/sとする．

4 液滴燃焼

【液体燃料の小さい粒子の燃焼】

　工業的によく利用される液体燃料の燃焼の方法は，燃料を小さな液滴に微粒化して燃焼させる形式が多い．この章では，燃料の液滴がどのような因子によって蒸発し，燃焼していくかについて学ぶ．とくに，微小の液体粒子が蒸発するために必要な熱のやりとりを，実験的な経緯と熱エネルギーのバランスから求める考え方や，燃料の微粒子がどのようにして燃焼していくかを理解する．

4.1 液体燃料の特徴と燃焼方法

　液体燃料は，貯蔵や運搬のしやすさ，燃焼させる装置に燃料を容易に安定して供給できること，質量当たり，体積当たりのエネルギー密度が高いことなど，多くの点で非常に利用しやすい燃料である．このような特徴があるため，液体燃料を燃焼させて熱エネルギーを発生させる方法は，家庭用の暖房や風呂，シャワー，キッチンでの給湯などに使われるだけでなく，工業的にも小規模のいろいろな種類の加熱装置から大規模な火力発電所のバーナーまで活用されている．

　液体燃料の燃焼方法には図 4.1 に示すように次のようなものがある．

(1) 液面燃焼

液面燃焼は，図4.1(a)に示すように，大きな容器の中に揮発性の低い燃料を入れて点火したような場合に起こる．液体燃料は基本的に燃料の表面付近でだけ燃焼する．液面燃焼とはよぶが，実際には液体燃料が表面付近で気化して気体になって空気と混合し，燃焼する場合がほとんどである．大きな燃料の入った容器には多くの燃料があるが，燃焼できるのは酸素が供給される表面付近だけであり，単位時間の発生熱量は低い．液面燃焼では表面で燃焼している火炎に加熱された燃料が蒸発して気体となるが，十分な酸素が供給されない条件が多く，不完全燃焼によって多量のすすや煙を発生したり，燃料の液面からかなり離れた部分で酸素が供給されてこの部分にも火炎ができることがある．わかりやすい例としては，工業的な燃焼ではないが，家庭において天ぷら油が引火して燃焼する場合が液面燃焼である．

(2) 灯芯燃焼

昔，行灯（あんどん）という照明器具があった．これは燃料である油を皿に入れ，これに細い縄のような繊維でできた芯をひたし，一端を少し油の液面から出して火を点けて燃焼させ，この光を照明に利用したものである．燃料である油は燃焼している部分に毛細管現象で吸い上げられる．これも現在ではほとんど使われないが，ろうそくの燃焼も，燃焼している部分に着目すると，**灯芯燃焼**である．炎に近いろうそくの固体の部分は，炎からの熱によって液体となり，中央部にある芯の先で燃焼が起こる．現在では暖房用の石油ストーブの一部がこの灯芯燃焼で燃エネルギーを発生させている．燃料タンクから少しずつ供給された灯油が耐熱性のある芯の先端で燃焼する．

■図4.1 典型的な液体燃焼の模式図

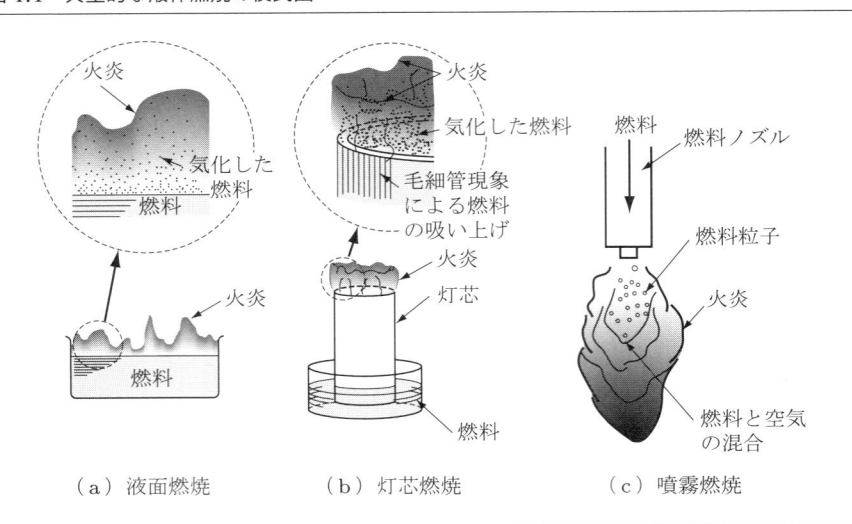

(a) 液面燃焼　　(b) 灯芯燃焼　　(c) 噴霧燃焼

図4.1(b)に示すように，液体燃料が繊維のような毛細管をもつ芯によって吸い上げられ，この芯の先端で燃料が気化し，空気と混合して燃焼する．燃料は燃焼によって消費されるが，毛細管現象で次々に燃料が供給され，燃焼が継続する．これが灯芯燃焼である．

（3） 噴霧燃焼

液面燃焼や灯芯燃焼では短時間に多くの燃料を燃焼させることは難しい．したがって，工業的には短時間で多くの燃料を燃焼させ，多くの熱エネルギーを得るために**噴霧燃焼**が利用される．

噴霧燃焼は図4.1(c)に示すように，液体燃料をいろいろな方法で小さい粒にして，これを空気中に浮遊させて燃焼を行う．液体燃料を小さい粒にすることにより，液面燃焼に比べてはるかに大きな燃焼可能な面積を稼ぐことができる．また，燃料の粒を空気中に飛散させることによって，燃料の気化を促進することが可能となり，さらに空気と気化した燃料の混合を飛躍的に活発にできるため，単位時間における熱エネルギーの発生を非常に大きくできる特徴がある．

4.2 燃料液滴のでき方

液面燃焼の場合は，燃焼反応を行うことができる面積が限定されるため，時間当たりの燃焼で発生できる熱量を大きくすることはできない．

一方，液体燃料を小さな粒の霧状，つまり**燃料液滴**にして燃焼させる噴霧燃焼では，質量に対して表面積を大きくできるので，単位時間の燃料の燃焼量を大きくすることができる．このため，家庭用の暖房機や給湯用の小型の燃焼装置から，発電所などのような工業的な大きな燃焼装置まで利用することができ，実用上非常に重要な燃焼の形式である．

噴霧燃料の燃焼の形式としては，燃料の蒸発速度が燃焼に比べて非常に早い場合は，燃料が燃焼前に完全に気化して気体となるため，気体の拡散燃焼と同じように取り扱うことができる．しかし，一般的には燃料の蒸発速度は燃焼速度に比べて遅い場合が多く，特に霧状の燃料が広がって燃焼する場合のように，空間的に燃料の密度が低い場合には，ひとつひとつの液体の微粒子が燃焼する状態が燃焼の基本になる．

燃料が細かい粒子になる過程（**微粒化**）にはいろいろな因子がある．影響する因子は，燃料の供給される速度，燃料の粘性，表面張力，密度および周囲の空気の速度や温度などである．

燃料が小さな粒子になる過程には次のような状況が考えられている．

（1）球状の燃料の分裂

大きな丸い燃料粒子が空気中に噴射されると，大きな燃料粒子が移動するときに周りにある空気から力を受けて，球形からいびつな形に変形する．空気から受ける外力の大きさがあまり大きくない条件では，燃料は表面張力によって元の球形になろうとして表面が振動する．このくりかえしで振動が大きくなると，表面張力に打ち勝って球形の燃料が分裂し，より小さな燃料の粒子になる．

（2）柱状の燃料の分裂

細長い形状で燃料が空気中に噴出された場合は，燃料の移動する前面で空気の抵抗を受け，長さ方向に振動を起こす．これによって小さい燃料粒子に分裂する．また，細長い形状の燃料の側面は空気の摩擦抵抗を受け，削られるように分離して小さい粒子になることもある．これ以外にも板状の燃料が分裂したり，遠心力で分裂する場合もある．

これらの模式図を図 4.2 に示す．この微粒子になる過程は，燃料の供給方法によっても変わるが，このような現象が複合的に起こって微粒子になっていくものと思われる．

■図 4.2　液体の微粒化の模式図

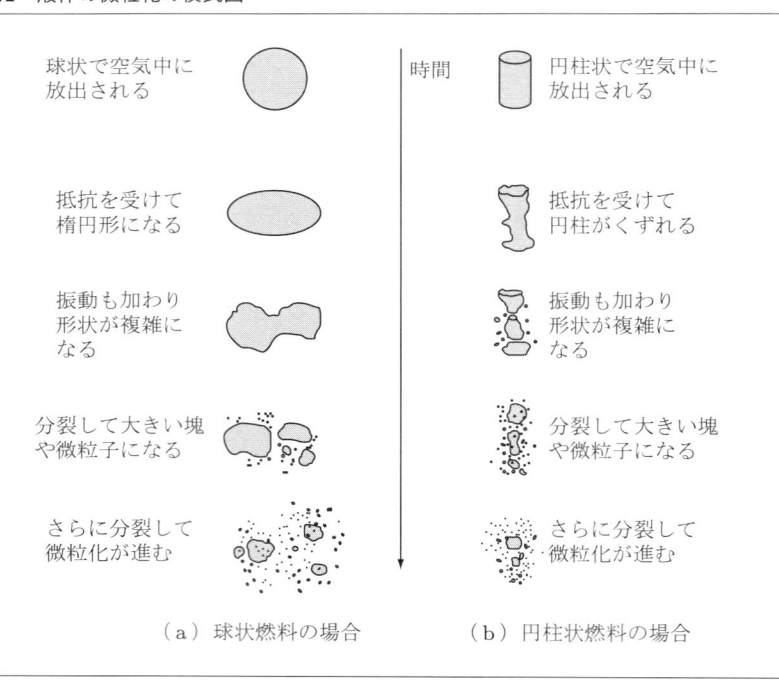

（a）球状燃料の場合　　（b）円柱状燃料の場合

4.3 液滴燃焼の実験

噴霧燃焼が工業的に重要であることから，噴霧燃焼の基礎研究として液体燃料の**単一粒子の燃焼（液滴燃焼）**の実験がよく行われる．

実際の燃焼装置で燃焼させる場合には，液体燃料の噴霧は直径が1mm以下で数μmから数百μmであるが，研究室で行う燃焼実験として精度よく行える単一液滴の粒径は，計測精度や実験のやりやすさから，1mm程度のものである．また，噴霧燃焼では一般的には空気中に浮遊しながら燃焼するが，実験する場合には計測するために液滴の位置を固定する必要があり，図4.3に示すように，燃料の粒子を石英の細い線にぶらさげた状態で実験する場合が多い．この場合は自由空間に浮遊していないため，燃焼によっておこる自然対流の影響がでてしまい，実際の燃料粒子の燃焼とは差があるものとも考えられるが，基本的な液滴の燃焼現象を解析するには十分である．

■図4.3 液滴の燃焼実験（液滴の保持方法）

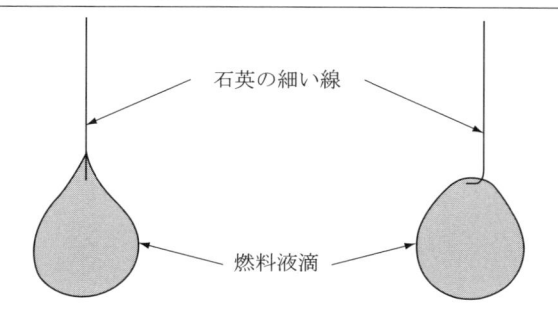

（a）比較的小さな液滴を保持する場合　（b）比較的大きな液滴を保持する場合

4.4 燃料液滴の燃焼時間

4.3節で説明したように，単一の液滴の燃焼は噴霧燃焼を考える場合の基本となる．

単一の燃料液滴の燃焼を支配する因子は，燃料粒子，火炎，周囲の空気との間で起こる熱の移動と，燃料と空気および燃焼でできた既燃ガス成分の拡散である．

燃料液滴が点火されてから燃え尽きるまでの時間を**燃焼時間**（burning time），

または**寿命**（life time）という．

燃焼時間 T と液滴が燃焼を開始するときの初期直径 D_0 との間には，図 4.4 に示すように一定の関係があり，

$$\frac{T}{D_0^2} = K \tag{4.1}$$

であることがわかる．ここで，K は定数で，燃料の種類や周囲の状況によって決まる値である．この関係は燃焼時間が初期直径の 2 乗に正比例することを示している．たとえば，1 mm の炭化水素の燃料液滴の燃焼時間は 1 秒程度であり，この法則が小さい粒径まで成り立つのであれば，数十 μm の燃料の燃焼時間は数 ms となり，妥当な値と考えられる．

■図 4.4　液体燃料の初期直径と燃焼時間

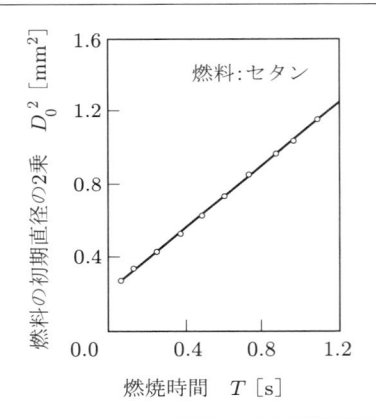

4.5　燃料液滴の蒸発

燃料液滴は蒸発して空気と混合して燃焼する．つまり，燃料の蒸発と燃焼には密接な関係があるはずである．

ここで**燃料液滴の蒸発**がどのような法則に支配されているかについて，燃料粒子と周囲気体との熱のやりとりを，図 4.5 の概略図を参考にして考える．

燃料液滴が蒸発する過程は，液滴がその外側にある空気などの，液滴より温度の高いガスから熱を受け取って蒸発する．液滴が受ける熱量は，液滴の一部分が蒸発して気化するために必要な熱量に相当する．

液滴は熱伝達によって熱を受け取る．熱伝達という熱の移動現象は次のような法

■図 4.5　燃料粒子と周囲の空気との熱の授受

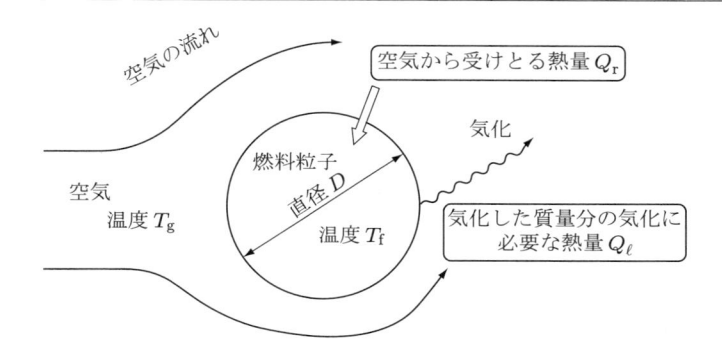

則に従うことが実験的に確かめられている．

　熱伝達という熱の移動現象は，ほとんどの場合，固体と流体の間の熱の受け渡しであり，熱の移動量は固体と流体の温度差，熱の移動の活発さを示す熱伝達率，および熱の移動が起こる面積で決まる．熱の移動の活発さは，熱の移動が起こっている物体の大きさの影響をなくすために，「単位時間当たり，単位面積当たり」の熱移動量として表す．これを**熱流束**という．熱流束 q は，固体の表面温度を T_f，流体の温度を T_g とし，**熱伝達率**を α とすると

$$q = \alpha(T_g - T_f) \tag{4.2}$$

で表される．

　燃料液滴における熱の移動にこの法則を利用して，熱伝達率を α，周囲のガス温度を T_g，液滴の温度を T_f とすると，上の式（4.2）が成り立つ．

　液滴の直径を D とすると，球の表面積 A は

$$A = \pi D^2 \tag{4.3}$$

である．

　したがって，燃料液滴が受け取る熱量 Q_r は，伝熱面積である表面積と熱流束をかけて

$$Q_r = \pi D^2 \alpha (T_g - T_f) \tag{4.4}$$

である．

　燃料の密度を ρ とすれば，球状の燃料の質量 m は

$$m = \rho \frac{4}{3}\pi \left(\frac{D}{2}\right)^3 \tag{4.5}$$

であり，燃料の単位質量当たりに必要な気化熱を L とすれば，単位時間に気化するために必要な熱量 Q_ℓ は，燃料の質量の時間的な変化が式（4.5）を時間で微分

して求められるから

$$Q_\ell = L \frac{d}{dt}\left\{\rho \frac{4}{3}\pi\left(\frac{D}{2}\right)^3\right\} \tag{4.6}$$

ここで，気化に必要な熱量を外部から受け取るという仮定から

$$Q_r + Q_\ell = 0 \tag{4.7}$$

であり，燃料の密度 ρ は時間的な変化がないとすれば，式（4.4）（4.6）を式（4.7）に代入して

$$\pi D^2 \alpha (T_g - T_f) + L\rho \pi \frac{1}{2} D^2 \frac{dD}{Dt} = 0 \tag{4.8}$$

$$\therefore \quad \frac{dD}{dt} = -\frac{2\alpha(T_g - T_f)}{L\rho} \tag{4.9}$$

ここで，熱伝達率 α はその無次元量を**ヌセルト数**といい，記号 Nu で表す．Nu は熱伝導率を λ，代表長さを D として

$$Nu = \frac{\alpha D}{\lambda} \tag{4.10}$$

と定義されている．球形の物体の場合は Nu 数は，流速の無次元量であるレイノルズ数 Re と，物性値の無次元量であるプラントル数 Pr の関数として表すことができ

$$Nu = 2.0 + 0.57 Re^{1/3} Pr^{1/2} \tag{4.11}$$

である．ここで，燃料は微粒子であるため，Re の代表長さである直径 D が非常に小さい値となり，式（4.11）の Re を含む第二項は無視できて

$$Nu = 2.0 \tag{4.12}$$

となる．

これを式（4.10）に代入して α を求めると

$$\alpha = 2\frac{\lambda}{D} \tag{4.13}$$

したがって，式（4.13）を式（4.9）に代入して

$$\frac{dD}{dt} = -\frac{4\frac{\lambda}{D}(T_g - T_f)}{L\rho} \tag{4.14}$$

$$\therefore \quad \frac{dD^2}{dt} = -\frac{8\lambda(T_g - T_f)}{L\rho} \tag{4.15}$$

ここで，先に仮定したように周囲のガス温度，燃料の温度，密度が一定で，物性値が変化しないとすれば，式（4.15）の右辺は定数である．したがって，蒸発に関する直径の変化について定数を k とおいて次の式が成り立つことになる．

$$\frac{dD^2}{dt} = -k \tag{4.16}$$

つまり，燃料液滴の蒸発における直径の2乗の時間的変化は直線的であることがわかる．

■例題 4.1　直径1.0mmのエチルアルコールの粒子があり，その温度は20℃である．これが温度390℃の空気中にあるときの直径の変化を求めなさい．ただし，空気の熱伝導率は0.0492 J/(m·s·K)，エチルアルコールの物性値は，気化熱が$855×10^3$ J/kg，密度が790 kg/m³ とする．

➡解答　式（4.15）の右辺について，問題に示してある物性値を代入して計算する．

$$\frac{8\lambda(T_g-T_f)}{L\rho}=\frac{8\times 0.0492\times 370}{855\times 10^3\times 790}=0.216\times 10^{-6} \quad [\text{m}^2/\text{s}]$$

これを利用して式（4.15）から時間ごとの直径の2乗を求めると，表4.1が得られる．

表 4.1　アルコールの直径の2乗の時間的な変化（計算結果）

時間 [s]	直径の2乗 [mm²]
0.0	1.0
0.5	0.892
1.0	0.784
1.5	0.676
2.0	0.568
2.5	0.460
3.0	0.352

グラフに表せば図4.6のようになる．

■図 4.6　エチルアルコール粒子の蒸発計算結果

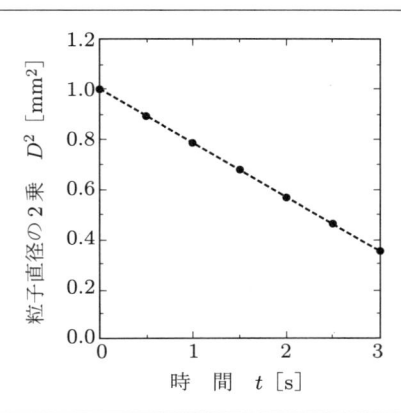

4.6 燃料液滴の粒径の変化

燃焼中の**燃料液滴の粒径の変化**を連続的にシャドウグラフ（光学的に密度差を強調する画像撮影方法）などの方法で高速度撮影すると，その粒径の変化を知ることができる．

点火から少しの間は粒径に大きな変化はないが，ある短い期間を過ぎると図4.7に示すように，燃料液滴の直径の2乗D^2と経過時間tの間には，一定の直線的な関係が成り立つ．直径の2乗と時間が一定の関係になるまでの時間は，液滴の温度が一定になるまでの時間で，非定常期間である．

定常になった後の関係は

$$-\frac{dD^2}{dt} = k \tag{4.17}$$

の形となり，kは燃料の種類や周囲の状況が決まれば決まる定数である．すなわち，液滴の直径の2乗の時間的な変化（減少率）は一定であることを意味している．

また，式（4.17）を積分すると

$$-\frac{dD}{dt} = \frac{k}{2D} \tag{4.18}$$

となり，液滴の直径の変化率はその直径に反比例することがわかる．

また，燃焼率（dm/dt）は体積変化でもあるから，

$$\frac{dm}{dt} = -\frac{d}{dt}\left(\frac{\pi D^3}{6}\right) = -\frac{\pi D^2}{2}\frac{dD}{dt} \tag{4.19}$$

dD/dtに式（4.18）を代入して

■図4.7 燃焼している燃料粒子の直径と時間との関係（アルコール）

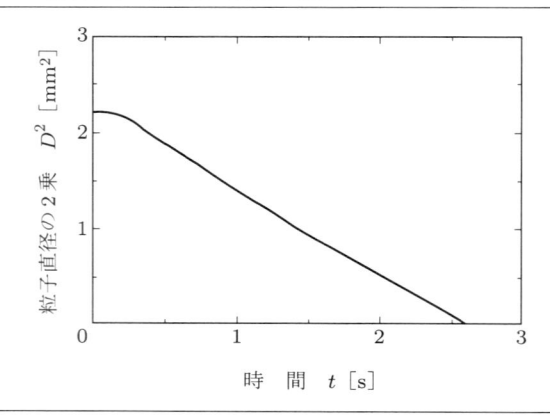

$$-\frac{d}{dt}\left(\frac{\pi D^3}{6}\right) = \frac{\pi k D}{4} \tag{4.20}$$

この式は，その時の燃焼率はその時の直径に比例することを意味している．

いま液滴の温度が一定になるまでの非定常時間を t_1，それから燃え尽きるまでの時間（寿命）を t_2 とすると，t_1 までの時間は直径の変化がないとしていること，および燃料液滴の寿命を表した式（4.1）から，燃焼時間 T は

$$\begin{aligned} T &= t_1 + t_2 \\ &= t_1 + \frac{D_0^2}{k} \end{aligned} \tag{4.21}$$

ここで，t_1 は液滴の温度が一定になるまでの時間であり，これは外部からの熱移動の状態によって決まる．すなわち，この熱の移動が熱伝導であっても，熱伝達であっても，熱の移動量は結局，伝熱面積である表面積に依存するから，a を定数として

$$t_1 = \frac{D_0^2}{a} \tag{4.22}$$

という形で表される．したがって，式（4.21）と式（4.22）より燃焼時間 T は

$$T = \left(\frac{1}{a} + \frac{1}{k}\right) D_0^2 \tag{4.23}$$

すなわち，燃焼時間は初期直径の2乗に正比例するという先に得られた結果と一致する．

定常期間では式（4.17）より

$$D_0^2 - D^2 = kt \tag{4.24}$$

と表すことができ，ここで k は**蒸発係数**（evaporation constant）とよばれる．

4.7 燃料液滴の蒸発と燃焼

蒸発と燃焼がある場合の液滴直径の2乗の変化を図4.8に示す．

具体的には次のような状況が考えられる．

燃料粒子が温度の高い空気中に放り出されると，しばらくは粒子の直径に変化はない．または大きくなる場合もある．これは周囲気体によって燃料粒子の温度が上がるまでの時間であり，蒸発は温度が上がるまで多くはないので，図中のA点までのように直径は変化しないか，またはわずかに膨張するためである．

その後，燃料粒子が気体から熱量を受けて蒸発するが，しばらくはまだ燃焼していない．

■図 4.8 蒸発と燃焼がある燃料液滴の直径の変化

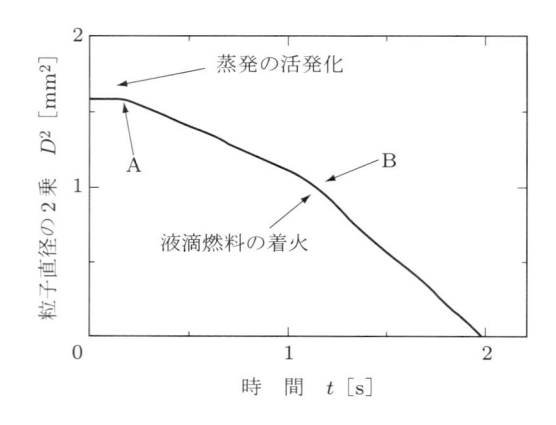

さらに時間が経つと周囲に混合気ができて，図中の B 点で点火温度以上になって着火し，燃焼する．

この蒸発期間および燃焼期間とも，粒子の直径の 2 乗の変化率は蒸発期間と燃焼期間で値は異なるが，それぞれ一定である．

蒸発の期間も燃焼の期間も，直径の 2 乗と時間の関係は先に示したように一定の関係になる．図 4.8 の燃焼が始まった後の直線の勾配が急になるのは，燃焼によって粒子周辺の温度が高くなることと，周囲にある空気に対流が発生することなどによって熱の移動が多くなるためと推定される．

いずれにしても，液滴の蒸発が燃焼を支配していることがわかる．

4.8 燃焼時間に影響する因子

燃料の微粒子の燃焼時間に影響する因子の主なものは，周囲の圧力と温度である．これらの影響について説明する．

（1） 周囲圧力

周囲圧力とは，燃料粒子の周囲にある空気の圧力のことをいう．実験結果としては燃料がアルコールとデカンの例を図 4.9 に示す．

蒸発係数 k は絶対圧の n 乗に比例するとされている．したがって，燃焼時間は絶対圧の $-n$ 乗に比例する．n の値は 0.2 から 0.4 であり，n の値が小さいことから圧力の影響はわずかであり，その影響は圧力が高くなると燃焼時間がわずかに減

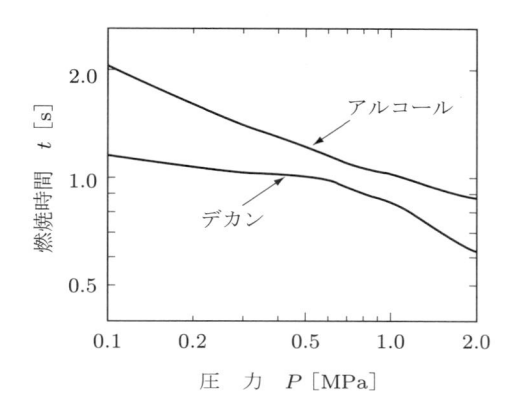

■図4.9　周囲圧力による燃焼時間の影響の実例

少する傾向にある．

（2）周囲温度

蒸発係数は一般に温度とともに増加する．具体的な例として，エチルアルコールではあまり変化しないが，セタンやヘプタンなどの炭化水素系では200°で10％程度増加する．したがって，一般的には温度の上昇とともに燃焼時間は減少する．

第4章　演習問題

1. 液体燃料の燃焼方法を分類してそれぞれについて説明しなさい．
2. 直径 D_0 が小さい燃料の粒子が燃焼し終わるまでの時間 T を何というか．また，D_0 と T にはどのような関係があるか説明しなさい．
3. 液滴が蒸発する場合に，直径が変化する関係式を導く考え方を，熱エネルギーの授受を含めて説明しなさい．
4. 燃料の粒子が蒸発や燃焼する場合に，直径がどのように効くかを述べ，その理由を考察しなさい．
5. 燃料液滴が自己着火できる高温の空気中に放出された場合に，燃料粒子の直径の変化や燃焼に至る経緯がどのようになるかについて，その過程を考えて説明しなさい．

5 固体燃料の燃焼

【固体燃焼の一例, ろうそくの燃焼】

固体燃焼の形式は非常に多い．この章では，固体の一般的な燃焼の形態について学ぶ．また，工業的によく利用される石炭の微粒子の燃焼方法についても学ぶ．さらに，石炭の燃料の例から，固体燃料の微粒子がどのようにして燃焼していくかを理解する．

5.1 固体の燃料

固体燃料には第1章で説明したように，木材，木炭，石炭，コークスなどがある．この中で，もっとも多く利用される固体燃料は石炭である．石炭以外の木炭や薪などもあるが，工業的に利用される量は非常に少ない．また，固体燃料として石炭は世界的には多く利用されているが，日本ではエネルギー源としての依存率は石油に比べるとあまり高くはない．

この章では，このような固体燃料の利用状態から，固体燃焼について一般的な理解を深めるとともに，燃料として多く利用される石炭をとりあげて説明する．

5.2 固体燃料の燃焼の仕方

　固体燃料が燃焼する場合に共通していることは，燃料が特別に精製された場合を除いて，燃焼が不均一になることである．固体燃料の表面と酸素を供給する空気との境界面，場合によっては固体燃料が溶けた液体表面と空気との境界面で起こるいろいろな現象である蒸発，昇華，熱分解，拡散などの現象によって燃焼の速さが変わる．

　固体燃料の燃焼の仕方を分類すると図5.1にイメージ図を示すように
① 　蒸発燃焼
② 　分解燃焼
③ 　表面燃焼
④ 　いぶり燃焼

の4種類に分類できる．これらについて以下に説明する．

（1） 蒸発燃焼

　蒸発燃焼とは，ろうそくなどの炭素数の多い固体の炭化水素の燃焼にみられるように，常温では固体である燃料の温度が高くなって溶け，蒸発しながら燃焼する形態をいう．これは常温では固体であるが，比較的分子構造が簡単で，しかも融点が低い固体燃料で起こる．蒸発燃焼の例を図5.1(a)に示す．

　燃焼のプロセスは，火炎からの熱によって加熱された固体燃料が溶けて液化し，さらに蒸発しながら気体となって空気と混合しながら燃焼する形態である．燃焼している部分についてみれば，気体の拡散燃焼である．一般的な気体燃料の拡散燃焼では燃料と空気の混合状態が燃焼に強く影響するが，この場合は燃焼した熱が固体

■図5.1　固体燃料の燃焼形態

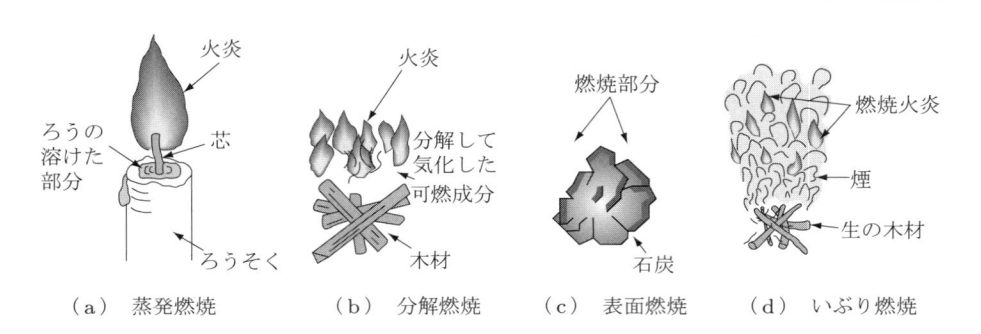

（a）　蒸発燃焼　　　（b）　分解燃焼　　　（c）　表面燃焼　　　（d）　いぶり燃焼

へも伝わり固体燃料が溶けるところが特徴であり，燃料が溶けて蒸発する過程が燃焼を支配している．

(2) 分解燃焼

木材を燃焼させた場合に燃焼の初めに木材から離れたところで，気体が燃焼しているように見える．これが分解燃焼の例である．分解燃焼の例を図5.1(b)に示す．

高分子の固体燃料では，主成分の沸点より低い温度で熱分解する成分も含まれていて，蒸発する前に熱分解を起こして，気体燃料となる．これが空気と混合して拡散燃焼を行う．熱分解して発生する気体は，水素（H_2），一酸化炭素（CO），炭化水素（HC）などの可燃性ガスと，二酸化炭素（CO_2），水蒸気（H_2O）などの不燃性ガスの混合気体である．これが燃料ガスとなって燃焼する．

(3) 表面燃焼

木炭，コークスなどを燃焼させた場合に，燃料表面が赤熱して燃焼することが多い．これを表面燃焼という．木炭等では燃焼を始めた直後には，前に述べた気体になりやすい成分が燃焼する蒸発燃焼が起こる場合が多い．表面燃焼の例を図5.1(c)に示す．

表面燃焼は，ほとんど炭素だけからできている燃料で起こる燃焼の形態である．空気中の酸素が燃料表面まで拡散していき，そこで燃焼が行われる状態である．炭素は融点が3770 K以上と非常に高いので，燃焼前に分解や溶融や蒸発が起こることはない．したがって，燃料そのものが気体となって空気中に拡散していくことはなく，空気側から酸素が拡散して燃料に到達する状況が燃焼を支配する．つまり表面燃焼では，空気中の酸素が燃料表面までたどりついて，固体壁面で酸化反応が行われる．場合によっては燃料表面で酸素が不足して不完全燃焼となって，その生成物であるCOがさらに外側へ拡散していき，二次的な気体の拡散燃焼（二次火炎）になることもある．

(4) いぶり燃焼

生の木材が燃焼する場合には，多くの煙を伴って燃焼する場合が多い．このような燃焼形態をいぶり燃焼という．また，おき燃焼，薫燃(くんねん)とよぶこともある．いぶり燃焼の例を図5.1(d)に示す．

いぶり燃焼が起こる条件の一つは，燃料の中に燃焼できる成分が少なかったり，燃焼できる成分が空気の流れによって，燃焼している部分から温度の低い，燃焼領域の外へ流されてしまったりして，可燃成分が少ない場合である．もう一つは，熱分解をしやすい燃料で分解した可燃成分に比べて，供給される酸素が少ない場合に十分な燃焼ができないため，煙を伴った燃焼が起こる．いぶり燃焼では多量の煙が発生することが特徴である．いぶり燃焼では十分な発熱はないので，この状態では

燃焼が継続できないため，前に述べたいろいろな燃焼状態と混在することになる．煙は燃焼しきれなかった不完全燃焼の燃料を含んでいるので，燃焼によるエネルギーを十分には発生できないため，燃焼の形態としては好ましくない．

■**例題 5.1** 石炭は堅そうに見えるが，本当に蒸発できる成分があるか確かめる方法を説明しなさい．

➡**解答** この確認のためには次のような実験をやってみる．

　試験をする石炭の固まりの質量を計る．これをある程度細かく砕いて，耐熱性の小さい容器に入れ，容器をバーナーで加熱する．点火温度以下で20〜30分加熱した後に，その質量を計る．燃料である石炭の組成にもよるが，数％から20〜30％質量が減少していることがわかるだろう．この質量の減少は加熱されたことによって，石炭の中に含まれる揮発しやすい成分や熱分解しやすい成分が，気体となって逃げてしまったことによる．

　ただし，この実験で出てくる気体は燃焼しやすいものが多いので，引火などに十分注意して実験しなければならない．

5.3　固体燃料の燃焼に影響する因子

固体燃料の燃焼は主として表面燃焼であるが，この表面燃焼を細かく見ると次のような過程で燃焼が行われる．

① 酸素が固体燃料の表面へ移動する．

　燃焼している固体燃料の近くでは酸素は燃焼に消費されて少ない．したがって，燃焼部分から遠い部分の空気中の酸素濃度との間に濃度差がある．この濃度差が原動力となって，拡散現象として酸素が濃度の高い部分から，固体表面近くに移動する．

② 酸素が固体表面へたどりつく．

　上記①によって，酸素が燃焼している表面に到達する．

③ 酸素と固体燃料とが化学反応（燃焼）する．

　たどりついた酸素と固体燃料が酸化反応を起こす．

④ 燃焼してできた生成物が燃焼している表面から離れる．

　酸化反応によってできた成分（炭素燃料ではCO_2）が燃焼している面から離

れる．
⑤ 燃焼してできた生成物が拡散していく．

　燃焼によってできた成分は空気中には少ないので，濃度の高い燃料表面の近くから，燃焼した成分の少ない空気の方へ濃度差によって移動する．

　このような過程は固体の燃料と気体の酸素，および気体の酸化物を考えているが，燃料に不純物がある場合は，次の現象も起こる．
⑥ 燃焼によってできた固体の生成物が移動する．

　固体燃料では精製したものでなければ燃焼できない成分も含んでいる．燃焼できない部分はいわゆる灰として固体の表面に残る．灰は通気性のあるものも多いので，そのままでも燃焼は継続するが，通気性はあっても酸素や燃焼でできたガスの拡散の妨げになる．ガスの流動や振動などで灰を除去する方が燃焼は活発になる．

　これらの過程のうちでもっとも遅い現象が燃焼を支配することになる．したがって，燃料が酸化する化学反応が燃焼速度を支配する場合と，酸素や燃焼によってできた成分の拡散現象が支配する場合とがある．化学反応は一般的には酸素や燃焼でできた気体の拡散速度より速いので，固体の燃焼は気体の拡散現象に支配されることが多い．

5.4 石炭の利用

　石炭のエネルギーへの利用の多くは直接燃焼させる方法である．しかし，**固体燃料はいろいろな成分のものが含まれていたり，形状が不均一で燃焼や燃料の供給が不安定になりやすく**，そのままでは工業的には利用しにくい．直接そのままで燃焼させて利用する以外には，利用しやすくする対策として図5.2に示すように

① 石炭を乾留，部分酸化，水素化分解などの方法によって，おもに一酸化炭素（CO）やメタン（CH_4）を作ってガス化して使用する．
② 高温高圧において炭素成分に水素を結合させて液体とし，液化させて燃料として利用する．
③ 石炭を微粒子にして燃焼させる．

などの方法がある．

　これらの方法の中で，燃焼させるまでにガス化したり，液化したりする方法は，

■図5.2　石炭の燃焼方法

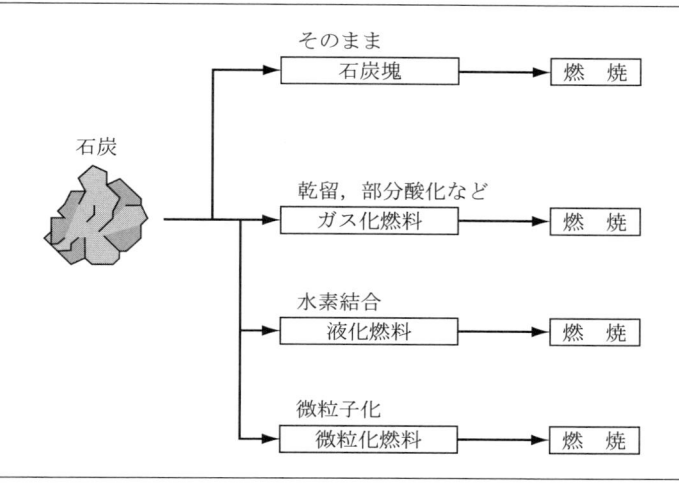

石炭 → そのまま → 石炭塊 → 燃　焼
　　　→ 乾留，部分酸化など → ガス化燃料 → 燃　焼
　　　→ 水素結合 → 液化燃料 → 燃　焼
　　　→ 微粒子化 → 微粒化燃料 → 燃　焼

　ガス化や液化する行程でエネルギーを必要とすること，石炭を加工するプロセスが必要であることを考慮すると，使用方法や燃焼の制御のしやすさなどを評価の基準に入れなければ，直接燃焼させる方法がエネルギー的な点から考えると，もっとも効率がいい．

　石炭は世界的に広く分布しており，資源としての埋蔵量は非常に多い．燃焼の制御が液体燃料などに比べて難しいことなどから，日本では多くは利用されていないが，石油系の化石燃料が枯渇していく中で活用していく必要があり，今後さらに利用方法の改善を含めて注目すべき燃料である．

5.5　石炭の燃焼方法

　石炭を燃焼させる方法としては，小規模な燃焼方式から大規模な工業的な燃焼方式までいろいろな燃焼のさせ方がある．つぎにこれらの燃焼方法について説明する．

（1）　火格子燃焼法

　火格子燃焼法は石炭を燃焼させる方法で，もっとも簡単で一般的な方法である．この方法で燃焼させる場合，燃料として使用する石炭の大きさは10～30mm程度である．図5.3は火格子燃焼法の一例である．

　格子状の，つまり固体燃料は落ちないが，下から空気の流入は可能であるような火格子の上に石炭を供給して，燃料を確保する．この部分を石炭層という．この石

炭層に点火する．石炭は表面燃焼するとともに，燃焼した熱を受けて，燃焼中の石炭の内部や，燃焼している石炭の周辺のまだ燃焼していない石炭から，揮発成分や熱分解した成分が気体となって出てくる．この部分が乾留層とよばれる．乾留層の成分は水素（H_2）やメタン（CH_4）などである．水素やメタンなどの気体になった成分が燃焼する部分が酸化層であるが，石炭の表面燃焼でできた炭酸ガス（CO_2）もあり，通常は酸化層では気体になった成分がすべて燃焼できるほど，酸素が十分ではない．この状態では部分的に還元反応が起こり一酸化炭素（CO）が発生する．つまり還元層のあたりには，H_2，CH_4 などの成分の中で燃焼できなかったもの，下部の石炭の燃焼でできた CO_2，還元されてできた CO，それに空気中の窒素（N_2）などの気体がある．可燃性の気体を含んでいて温度が高いので，二次空気を入れてやると，ここで気体の二次火炎としての燃焼がおこる．一方，石炭の固体燃焼で不燃性の成分で生じた灰は，火格子の間から下へ落ちて燃焼後の廃棄物として集められる．

図 5.3 は燃料を下から入れる下込め式とよばれる方法であるが，燃料を上から供給する上込め式もある．上込め式でも石炭層，乾留層などの構成は下込め式とほぼ同じようになっている．

■図 5.3 火格子燃焼炉の概略

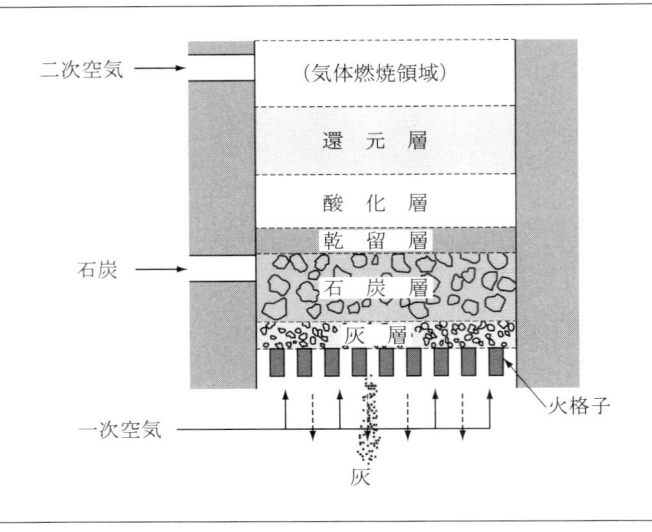

（2） 流動床による燃焼

火格子による燃焼は装置は比較的簡単であるが，燃焼温度は 1 100 ℃ 程度であり，燃焼方法としてはあまり効率的ではない．

5.5 石炭の燃焼方法

流動床による燃焼では石炭を 5～10 mm 以下の大きさにして，比較的細かい格子の上に，石炭粒子を砂や石灰石の細かい粒と混合した状態で供給する．この混合物に下から空気を圧縮して送る．空気の流速が低い場合には，石炭や石灰石の粒子の間を空気がすりぬけていくが，空気流速を速くすると，この混合物が流体のように不規則に動く．この様態は，たとえば，わき水のところで観察される砂が踊っているような状態である．この状態で燃焼させると，空気と石炭の粒子との混合が促進され，燃焼効率もよくなる．この方法を流動床による燃焼方法という．ただし，燃焼炉の超大型化は困難である．図 5.4 に流動床燃焼方式の燃焼炉を示す．

■図 5.4 流動床による燃焼炉

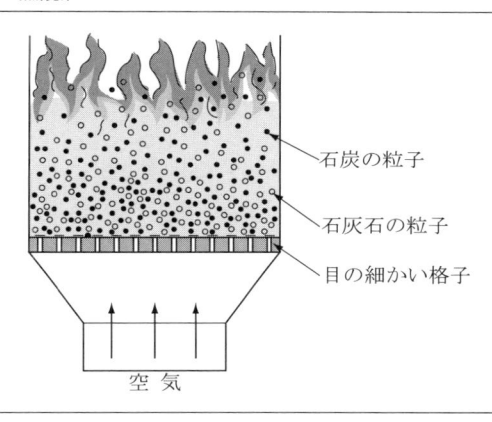

・石炭の粒子
・石灰石の粒子
・目の細かい格子
・空気

（3） 微粉炭燃焼

石炭を粉砕機で非常に細かくする．粒子径は 75 μm 程度以下で平均粒径は 30 μm 程度とする．この微粉炭を空気で圧送して燃焼炉に入れ，直接燃焼させる．石炭の微粒子が燃焼しおわる燃焼時間は数秒程度であり，燃焼温度は 1 400 ℃ 程度が得られ，燃焼効率もいい．この燃焼方式は**微粉炭燃焼**とよばれ，現在，大型の火力発電所にも利用されている．

（4） COM 燃焼

COM（coal oil mixture）**燃焼**は，微粉炭燃焼に用いるような粉砕した微粒子の石炭と重油を混合して燃焼させる燃焼方式である．COM は石炭石油混合物，または石炭石油スラリーとよばれることもあるが，COM が一般的な名称として使われている．微粉炭を 35～50 ％ 重油に混ぜて燃料とする．重油は燃料であるだけでなく，微粉炭を流動化させやすくして移動させる役割をもつ．この燃焼方法は石油燃料の消費量を抑えることから始まり，すでに実用化されている．発熱量は重油より低く，約 36 MJ/kg 程度である．粘度は重油に比べると大きいが，石炭を液体燃料

と同じように使用することができるメリットがある．この燃焼方式が COM 燃焼である．

COM と同じように微粉炭を液体のように流動化させる方式に **CWM**（coal water mixture）**燃焼**もある．CWM は石炭水混合物，または石炭水スラリーとよばれることもあるが，COM と同じように CWM が一般的な名称として使われている．CWM は COM の重油の代わりに水を用いる方法であり，COM と同じように石炭の微粒子を流体として扱うことができるメリットがある．石炭に対する水の割合は 40％程度である．ただし，CWM 燃焼では水の蒸発に熱量を必要とし，水自体は燃料ではないので，発熱量は 17〜21 MJ/kg 程度で，COM 燃料に比べると低い．

5.6 石炭粒子などの燃焼過程

固体燃料でもっとも利用されているのは石炭である．この節では石炭がどのように燃焼していくかを説明する．

（1）石炭の燃焼過程

かつては主要な燃料であった石炭も利用量は減少しているが，現在でも大型ボイラーや製鉄所，発電所などでは利用されている．

石炭の燃焼は大きさの異なる多数の石炭の塊の燃焼であるため，石炭の塊の相互間の熱エネルギーのやりとりや，酸化剤である空気，燃焼によって発生した燃焼ガスの拡散など，燃焼に影響する因子は多く，燃焼過程は非常に複雑である．そこで，

■図 5.5 石炭粒子の燃焼による質量の変化

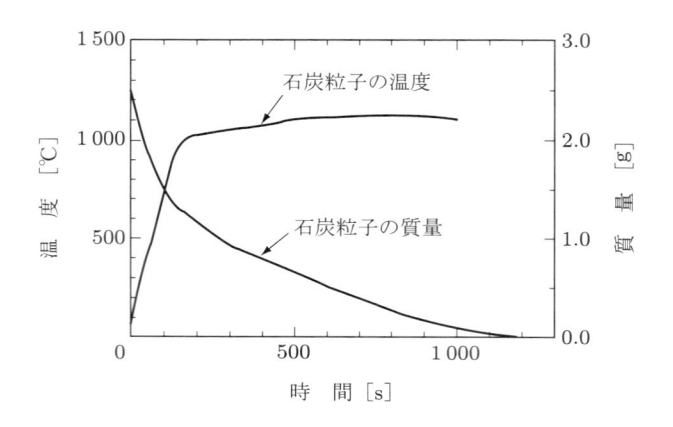

固体燃料の燃焼を理解するために，現象を単純化して石炭粒子1個の燃焼について考える．

石炭の粒子の燃焼過程を観察すると，その質量の変化は図5.5のようになる．横軸は時間（秒）であり，この例では初期の質量が約2.5gの石炭粒子が，周囲温度950℃で，燃焼しつくすまでに1 000秒（約17分）程度かかることを示している．

石炭粒子が高温雰囲気にさらされると，はじめに水分が気化し，つぎに石炭に含まれる揮発成分が蒸発するため，質量は急激に減少する．この段階で，まず部分的に蒸発燃焼と分解燃焼が行われる．蒸発や分解によって燃焼する割合は質量の3～45％であり，石炭の産地によって産出される石炭の組成が異なるため，組成によって燃焼状態も大きく異なる．蒸発や分解が起こっている状態では気体燃焼であり，火炎は拡散燃焼の発光の強い輝炎である．

熱分解反応が終了すると，炭素を主成分とする表面燃焼が始まる．気体としてではなく，表面で燃焼するため，表面温度は図中の170秒後以降のように，雰囲気温度以上になる．この表面燃焼が燃焼終了まで維持され，これが燃焼の主要で重要な部分である．

また石炭の成分に灰分が多い場合には，表面燃焼の進行につれて灰や灰が固まった焼結灰（クリンカー：clinker）が生じるのも石炭燃焼の特徴である．この灰は多孔質ではあるが，酸素が燃焼している石炭の表面に届くための妨げとなり，燃焼には悪影響を及ぼす．

（2） 多孔質固体炭素の燃焼

分解燃焼が終了した石炭やコークスなどでは，揮発成分が蒸発した後の多数の孔が存在する．穴が存在する固体燃料の燃焼の場合は，酸化剤である酸素は固体内部にまで到達できるので，この多数の孔の内部の表面積すべてが燃焼に関与する．内部表面積は固体燃料の外観から求められる幾何学的な表面積の1万倍以上もあるといわれている．

図5.6はウォーカー（Walker）によって示された理想的な条件における多孔質固体燃料の表面温度（T）と燃焼率（m）の関係を示したものである．燃焼の初期で表面温度が低い領域1では燃焼率は低いが，酸素が十分に気孔内にある状況では化学反応が燃焼速度を支配する．さらに燃焼が進んで燃焼率が大きくなると，気孔内の酸素が不足し，領域2の状態になる．この状態は酸素不足のため，固体燃料の外にある空気中の酸素が，拡散して燃料表面に届くかどうかが燃焼速度を支配する．さらに表面温度が高くなった場合は領域3となり，表面温度が高いため酸素が内部にまで浸透することはなくなり，外部表面で気体の拡散が燃焼を支配する．したがって，多孔質の影響はでない．

一般的には純粋な物質の固体燃料の燃焼も同じような傾向であり,図5.7に示すように,低温では化学反応速度が燃焼を支配し,高温では酸化剤である酸素が燃料表面にたどりつくこと,または燃焼生成物であるCO_2などが燃焼している部分から遠ざかる速度が燃焼速度を支配する.

■図5.6　多孔質固体燃料の表面温度と燃焼率

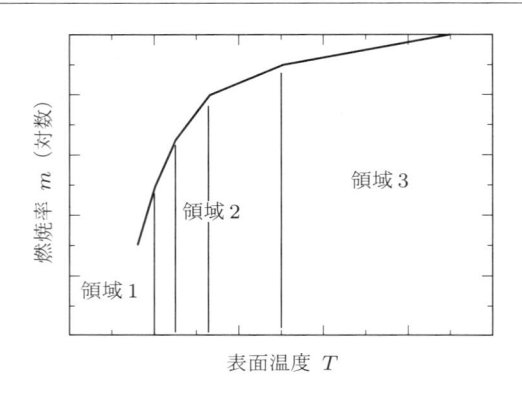

■図5.7　一般的な固体燃料の燃焼温度と燃焼速度の関係

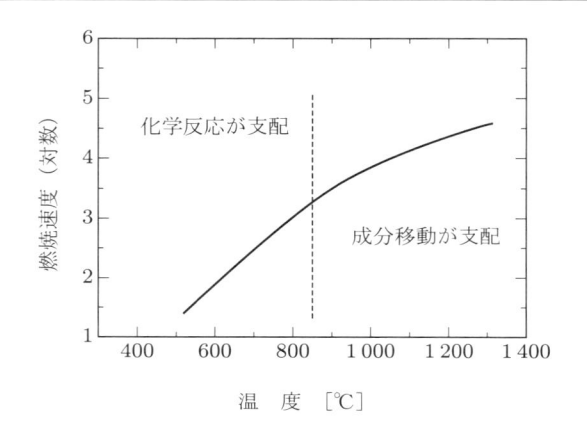

5.7　固体燃料の着火と消炎

固体燃料でも**着火**は外部からの熱量を受け取ることにより,燃焼を開始すること

であり，**消炎**は外部への熱の放出が発生する熱量を越える場合に起こる．

図5.8は，表面温度と燃焼による熱発生，熱伝達などによる熱損失の関係を示したものである．

■図5.8 熱発生と熱損失による固体燃料の着火と消炎

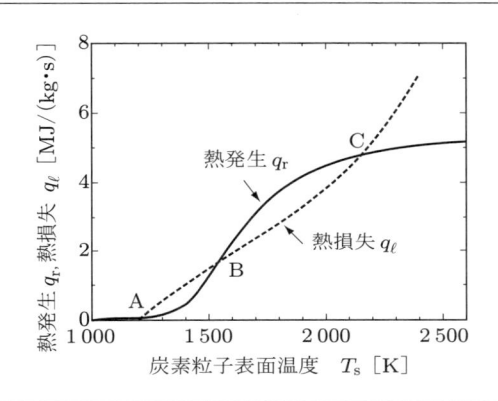

熱発生は固体燃料の温度を上げるために燃焼を活発化させ，熱損失は燃料の温度を下げるため，燃焼を不活発にする．固体燃料粒子の表面温度 T_s と熱発生率 q_r の関係は，温度が低い条件では発熱反応が起こらないため，熱発生はない．一方，温度が高い燃焼できる条件では，燃焼温度と燃焼速度に限界があるから発生熱量は頭打ちになり，熱発生率はS字状の曲線となる．

また，燃料粒子からの熱損失 q_ℓ は，熱損失が熱伝導，熱伝達，放射熱伝達によって起こる．熱伝導と熱伝達は固体燃料の表面と周囲気体との温度差によって決まる．また，放射熱伝達は固体燃料の表面と周囲気体の温度の4乗の差によって決まる．つまり，表面温度が高くなると，放射熱伝達量は温度の変化に比べて急激に大きくなる．このため，表面温度と熱損失の関係は，直線的ではなく，温度が上がると熱損失の増加が大きくなるために，下に凸の曲線となる．

図5.8の熱損失はある周囲温度の例を示したものであるが，表面温度が低いA点では化学反応が起きないので，燃焼しない低温で安定している．中間的な温度B点では，燃焼による熱発生と熱損失が釣り合っている状態であるが，非常に不安定であり，熱発生がわずかに増えると，燃焼が継続できるC点で安定する．これが着火である．

一方，B点からわずかに熱発生が減ると，化学反応による熱発生は熱損失を下回り，燃焼が継続できない．そして状態はA点になる．これが消炎である．

第 5 章　演習問題

1. 固体燃料の燃焼の仕方を分類しなさい．
2. 固体の蒸発燃焼と分解燃焼について簡単に説明しなさい．
3. 石炭の火格子燃焼という燃焼方法について説明しなさい．
4. 石炭の流動床による燃焼方法について説明しなさい．
5. COM 燃焼について簡単に説明しなさい．
6. 固体の燃料が着火または消炎する理由を説明しなさい．

6 予混合燃焼の混合比と燃焼温度

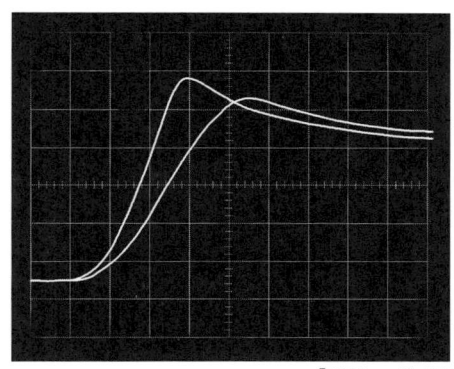

【理論・希薄混合気の燃焼圧力】

この章では，予混合気を燃焼させる場合の燃料と空気の適切な割合の求め方を，簡単な化学反応式を利用して求める方法を学ぶ．また，燃焼した場合に燃焼ガスがどのような温度になるかを求める考え方と，単純化した場合の具体的な計算方法を理解する．

6.1 混合比

燃焼には，これまでの章で述べたようにいろいろな燃焼の形態があるが，燃焼状態を左右する大きな因子は，

① 燃料と空気の混合している割合
② 燃料と空気の混合する過程
③ 混合気の流動の状態
④ 温度

などである．この節では，燃焼にもっとも影響が大きい燃料と空気の混合割合について説明する．混合割合を考える場合に，空間的に均一である方がイメージしやすいので，気体の燃料が燃焼する場合，または液体燃料でも蒸発して気体となって混

合した後に燃焼する場合について考える.

燃焼する場合の酸化剤はほとんどの場合に空気中の酸素であり,燃焼をうまく行わせるためには燃料と空気の割合が重要となる.この割合は**混合比**（mixture ratio）とよばれ,一般に質量の比で表される.もっともよく用いられるのが式（6.1）の**空燃比**（fuel air ratio）AFであり,空気と燃料の質量比である.

$$AF = \frac{空気の質量}{燃料の質量} \tag{6.1}$$

燃料が完全燃焼できるために必要な最少の空気量を理論空気量といい,この場合の空燃比を**理論混合比**（stoichiometric mixture ratio）または,**理論空燃比**（stoichiometric air fuel ratio）という.理論空燃比を基準にして次式のように**当量比**（equivalence ratio）ϕを定義して,燃料と空気の割合を示すこともある.

$$\phi = \frac{理論混合比}{実際の混合比} \tag{6.2}$$

式からわかるように,$\phi = 1$は理論混合比を表し,$\phi < 1$では燃料が少ない希薄混合気を,$\phi > 1$では燃料が多い過濃混合気を表す.

6.2 理論混合比の求め方

工業的に使用する燃料は石油系の炭化水素が多いので,炭化水素を燃料とした場合の理論混合比を求める方法を説明する.

炭化水素の燃料の分子式をC_nH_mとすると,完全燃焼する場合の化学反応の基礎式は

$$C_nH_m + (n + m/4)O_2 = nCO_2 + (m/2)H_2O \tag{6.3}$$

となる.

この式はC_nH_mの燃料1分子と酸素$(n+m/4)$分子が反応すれば,燃焼しないで残ってしまう燃料も,燃焼に関係しなかった酸素もないことを表している.他の成分の燃料の場合にも,式（6.3）の燃焼後の成分である右辺に,燃焼しなかった燃料成分や,使用しなかった酸素が残らないような化学反応式を考えればよい.

空燃比を計算するためには質量比を求める必要がある.計算を簡単にするために,原子量を炭素12,水素1,酸素16とすると,燃料と酸素の質量は式（6.3）を利用して

$$燃料の質量： 12 \times n + 1 \times m \tag{6.4}$$

$$酸素の質量： 32 \times (n + m/4) \tag{6.5}$$

表 6.1 乾燥空気の組成

成分	容積割合 [%]	分子量	比較質量*1)	比容積*2)	比質量*3)
酸　素	20.99	32.000	6.717	1.000	1.000
窒　素	78.03	28.016	21.861		
アルゴン	0.94	39.949	0.376	3.760	3.312
炭素ガス	0.03	44.003	0.013		
水　素	0.01	2.016	0.000		
合　計	100.00		28.967	4.760	4.312

(注)　＊1）平均分子量分の質量における各成分の質量
　　　＊2）酸素の体積を1とした場合の他の成分の体積比
　　　＊3）酸素の質量を1とした場合の他の成分の質量比

となる．

　酸素は空気中の成分であり，空気の組成は一定であるから，空気の組成が与えられれば，必要な酸素を含む空気の量がわかる．乾燥空気の組成を表6.1に示す．空気中の酸素以外の主成分は窒素であり，酸素と窒素以外の成分は不活性で，その割合もわずかであるから，酸素以外の成分をすべて窒素とみなすと，空気中の酸素と窒素の質量比は表6.1から1：3.312である．つまり，空気1の中の酸素の質量割合は1/4.312となる．

　式（6.5）の酸素の質量と，空気中の酸素成分の質量比からこの酸素の質量を含む空気の質量が求まるので，燃料と空気の質量は次のようになる．

　　燃料の質量：　$12n+m$ 　　　　　　　　　　　　　　　　　　　　　(6.6)
　　空気の質量：　$4.312 \times 32(n+m/4)$ 　　　　　　　　　　　　　　(6.7)

したがって，C_nH_m の燃料の理論空燃比 AF_{th}（添字 th は「理論的な」という意味）は次式で表される．

$$AF_{th} = \frac{4.312 \times 32(n+m/4)}{12n+m} \tag{6.8}$$

■**例題 6.1**　プロパン（C_3H_8）の理論空燃比を求めなさい．

➡**解答**　式（6.8）に $n=3$，$m=8$ を代入して計算すると，

$$AF_{th} = \frac{4.312 \times 32 \times (3+8/4)}{12 \times 3 + 8} = \frac{689.9}{44} = 15.67$$

が得られ，理論空燃比は約 15.7 となる．
　石油系の炭化水素燃料では，理論空燃比は 15 程度のものが多い．

また燃料組成として酸素，窒素，硫黄，水などのほかの成分を含んでいる場合も，同様の計算によって求めることができる．

6.3 燃焼反応と発熱量

工業的に用いられる燃料の多くは，石油系の炭化水素の燃料である．炭化水素燃料の場合には概略的には炭素，水素などの燃焼に分けて考えることができる．石油系の燃料の場合，その主な成分は炭素（C），水素（H）と微量の硫黄（S）である．ここでは燃料に含まれる主成分の酸化反応を**基本反応**とよぶ．石油系の燃料では，次の反応式が基本反応である．

$$C + O_2 = CO_2 + 406.3 \quad [MJ/kmol] \tag{6.9}$$

$$C + 1/2\,O_2 = CO + 123.8 \quad [MJ/kmol] \tag{6.10}$$

$$CO + 1/2\,O_2 = CO_2 + 282.5 \quad [MJ/kmol] \tag{6.11}$$

$$H_2 + 1/2\,O_2 = H_2O + 286.3(241.4) \quad [MJ/kmol] \tag{6.12}$$

$$S + O_2 = SO_2 + 296.2 \quad [MJ/kmol] \tag{6.13}$$

それぞれの化学反応式は，燃料の組成と反応する酸素の分子数の対応を，また右辺の最後の数字は燃焼する燃料成分の1kmol当たりの発熱量を表している．これらの反応は，いずれも発熱反応であり，燃焼反応によって発生した熱量を**発熱量**（calorific value, heating value）とよぶ．発熱量の正確な定義は，燃料と空気の混合気が燃焼した後に，燃焼したガスを燃焼する前の温度に下げる時に取り出すことのできる熱量をいい，一般には大気圧・大気温度の条件で燃焼を開始させた場合の値をいう．上記の化学反応に対する発熱量を表6.2にまとめて示す．

表6.2 基本反応の発熱量

反応式	発熱量	
	[MJ/kmol]	[MJ/kg]
$C + O_2 = CO_2$	406.3	33.90
$C + 1/2\,O_2 = CO$	123.8	10.30
$CO + 1/2\,O_2 = CO_2$	282.5	10.10
$H_2 + 1/2\,O_2 = H_2O$	286.3(241.4)	143.0(120.6)
$S + O_2 = SO_2$	286.2	9.28

（ ）内は低発熱量

一定圧力での燃焼，つまり**定圧燃焼**では，燃焼前のエンタルピーをh_1，燃焼後のエンタルピーをh_2とすると，燃焼前後のエンタルピーの差を発熱量H_pと定義

するので，この場合の発熱量は次の式で表される．

$$H_p = h_2 - h_1 \tag{6.14}$$

一方，一定容積での**定容燃焼**では発熱量 H_v は燃焼前の内部エネルギーを u_1，燃焼後の内部エネルギーを u_2 とすると，発熱量は u_1, u_2 の差として次のように表される．

$$H_v = u_2 - u_1 \tag{6.15}$$

一般的に発熱量を求める場合には，燃料は化合物であり，たとえば炭素と水素の化学結合エネルギーがあるから，正確な発熱量を求める場合には単純に式 (6.9) ～ (6.13) で示したような基本反応に分解して考えることはできない．ただし，この結合エネルギーは燃焼によって生成する熱量の 1～2 割程度にすぎない．したがって，発熱量の測定実験には手間がかかることから，複雑な成分の燃料では，燃料分子の組成によって，基本反応の発熱量を利用して燃料の発熱量を概算する方法が実用的である．

■**例題 6.2** 理論混合比が 15 である気体燃料の混合気を常温（25℃）で定圧燃焼させたところ，燃焼温度は 2 200℃になった．この燃料の発熱量を概算しなさい．

➡**解答** 燃料の理論混合比は 15 である．つまり，混合気の 15/16 は空気であり，空気中の窒素の成分は表 6.1 から約 3.3/4.3 である．すなわち，混合気中の窒素の割合は約 72 % である．したがって，燃焼前の混合気も燃焼後の混合気も主成分は窒素であるので，概略計算では気体の物性値として窒素の値を利用する．

燃焼前の混合気の比熱は付録（正確には付録の値は平均比熱であるが）を使用して

$$C_p(25) = 1.039 \ [\text{kJ}/(\text{kg}\cdot\text{K})], \quad C_p(2\,200) = 1.201 \ [\text{kJ}/(\text{kg}\cdot\text{K})]$$

であるから，燃焼前後のエンタルピー h_1 と h_2 は

$$h_1 = 1.039 \times (25 + 273) = 309.6 \ [\text{kJ/kg}]$$
$$h_2 = 1.201 \times (2\,200 + 273) = 2\,970.1 \ [\text{kJ/kg}]$$

よって混合気の発熱量は $h_2 - h_1$ から，2 660.5 [kJ/kg]

これは混合気 1 kg に対する発熱量であるから，燃料そのものの発熱量 H は

$$H = \frac{2\,660.5}{1/(15+1)} = 42.6 \ [\text{MJ/kg}]$$

6.4 高発熱量と低発熱量

水素を含む燃料が燃焼する場合には H_2O ができる．H_2O が気体，つまり水蒸気の場合と液相の水の場合とでは，燃焼ガスから取り出すことができる熱量が異なる．その差は水が気化するために必要な熱量である．燃焼でできた水が気体の場合には気化熱相当分だけ発熱量は低くなる．H_2O が気体（水蒸気）の場合は，気化熱相当分だけ少なくなるので，この場合の発熱量を**低発熱量**（lower calorific value）といい，液体（水）の場合には**高発熱量**（higher calorific value）とよぶ．低発熱量，高発熱量のイメージを図 6.1 に示す．一般の燃焼炉で石油系の燃料を燃焼させる場合には，燃焼ガスの排出温度は 100℃以上であり，気化熱分を使用できないで放出する場合が多く，この条件では低発熱量分のエネルギーしか利用できない．

■図 6.1 低発熱量と高発熱量のイメージ

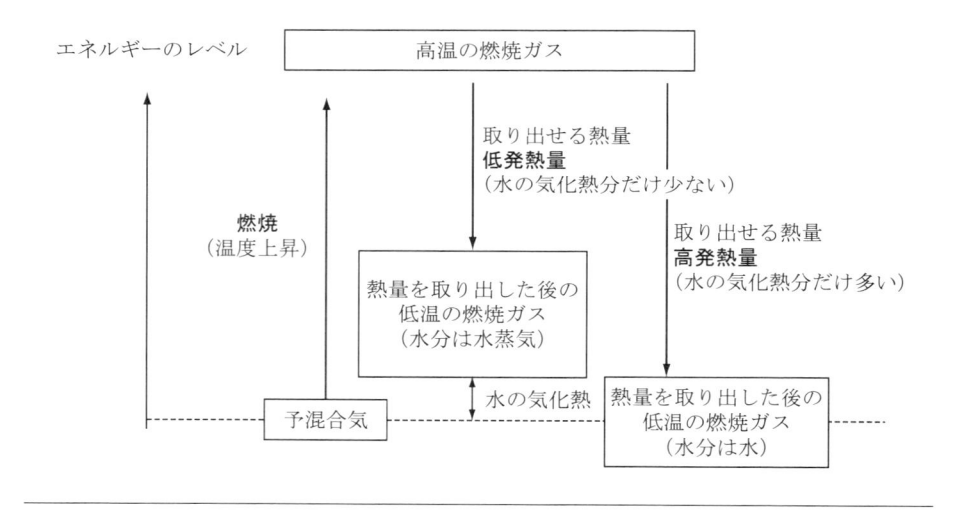

■**例題 6.3** 気体燃料で低発熱量がない燃料があるか考えなさい．

➡**解答** 気体燃料で成分に水素を含んでいないものが相当する．一般に使用される燃料のほとんどは炭化水素系の燃料であるので，水素を含まない気体燃料は非常に少ない．水素を含まない気体燃料の具体的な例としては一酸化炭素（CO）がある．ただし，人体に非常に有害であるので，十分注意して使用しなければならない．

6.5 理論燃焼温度の考え方

発熱量がわかっている燃料の概略的な**理論燃焼温度**を求めてみる．正確な燃焼温度は，燃焼ガスの正確な組成と，燃焼ガスの物理的な性質である物性値が与えられていないと計算できないが，概略的な理論燃焼温度は次のようにして求めることができる．

図 6.2 に概念を示すように，基本となる考え方は，燃焼前後でそれぞれの物質のもつエネルギーが保存されるという**エネルギー保存則**である．燃焼前の混合気のもっている熱エネルギーは，燃料と空気が存在することによる熱エネルギーと，燃料の発熱量の和である．燃焼前に混合気がもっているエネルギーは発熱量だけではなく，燃料や空気がある温度で存在することもエネルギーとして考える必要がある．また，燃焼後の燃焼ガスのもつ熱エネルギーは，燃焼によってできた，いろいろな成分が混合している温度の高い燃焼ガスのもっている熱エネルギーである．この両者が等しいと考えることによって燃焼温度を求める．

■図 6.2　燃焼温度を求めるエネルギーバランスの概念

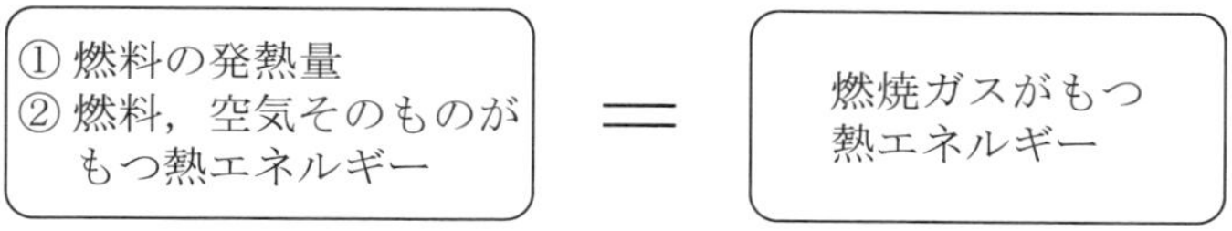

① 燃料の発熱量
② 燃料，空気そのものがもつ熱エネルギー
＝
燃焼ガスがもつ熱エネルギー

6.6 具体的な燃焼温度の計算方法

燃焼温度の計算方法の例として，燃料を炭化水素燃料とし，燃焼の形式としては気体の予混合燃焼で，定圧燃焼の場合を考える．定容燃焼の場合には比熱の考え方に定容比熱を用いれば，同じように求めることができる．

（1）燃焼前の混合気のもつ熱エネルギー

燃焼前の混合気のもつ熱エネルギーは燃料の発熱量と，燃料および空気そのものがもっているエネルギーである．燃料と空気の初期温度は同じであるとして，この温度を t_i とする．基準とする温度 0℃（エネルギーとしては 0K 基準が好ましい）

から t_i までの平均定圧比熱を $[c_p]_i$ という表し方をする．また，燃料の添え字を f，空気の添え字を a とする．このように定義すると，燃料と空気の 0℃ から t_i までの平均定圧比熱はそれぞれ $[c_{pf}]_{ti}$，$[c_{pa}]_{ti}$ と表される．また，燃料1kg当たりの発熱量を H_u，空気と燃料の質量比である空燃比を R とする．ただし，燃焼後の組成の計算を簡単にするために，混合気は不完全燃焼でできるCOなどが発生しない，理論混合比より燃料が少ない希薄側にあるとする．

燃料に含まれる成分の炭素（C），水素（H），窒素（N），酸素（O）の質量の組成比を w_C，w_H，w_N，w_O とし，空気中の O_2，N_2 の質量比を w_{aO}，w_{aN} とする．空燃比の定義から，燃料1kgに対して空気は R kgであるから，燃料1kgを含んだ燃焼前の混合気のもつ全体の熱エネルギー E_u は次のようになる．

$$E_u = H_u + [c_{pf}]_{ti} \cdot t_i + R \cdot [c_{pa}]_{ti} \cdot t_i \tag{6.16}$$

ここで，第一項は燃料1kgのもつ発熱量，第二項は燃料1kgがあることによる熱エネルギー，第三項は空気（質量は燃料の R 倍）のもつ熱エネルギーを表している．

（2） 燃焼後の燃焼ガスの成分

完全燃焼した場合の燃焼ガス成分は CO_2，H_2O，N_2 である．希薄混合気の場合はこれに余った酸素の O_2 が加わる．燃焼温度を t_b と仮定し，燃焼ガス成分 CO_2，H_2O，N_2，O_2 の 0℃ から t_b までの平均定容比熱を前と同じように $[c_{pCO_2}]_{tb}$，$[c_{pH_2O}]_{tb}$，$[c_{pN_2}]_{tb}$，$[c_{pO_2}]_{tb}$ と表す．

燃焼後のそれぞれの成分ができる質量を考えてみると，たとえば，燃料中のC 1kmolからは CO_2 1kmolが生成するから，質量で考えるとC 12kgから CO_2 44kgが生成することになる．つまり，C 1kgに対して CO_2 は 44/12 kg生成する．

ほかの成分についても同様に考えると，燃焼ガス中の CO_2，H_2O，N_2，O_2 の質量 w_{CO_2}，w_{H_2O}，w_{N_2}，w_{O_2} は

$$w_{CO_2} = \frac{44}{12} w_C \tag{6.17}$$

$$w_{H_2O} = \frac{18}{2} w_H \tag{6.18}$$

N_2 は燃焼に直接関係しないから，空気中の N_2 と燃料中のNの質量となり，

$$w_{N_2} = w_{aN} + w_N \tag{6.19}$$

O_2 は空気中の O_2 と燃料中のOの和からCとHの燃焼に使用された残りであるから，

$$w_{O_2} = w_{aO} + w_O - \frac{32}{12} w_C - \frac{16}{2} w_H \tag{6.20}$$

6.6 具体的な燃焼温度の計算方法

（3） 燃焼ガスの各成分のもつ熱エネルギー

燃焼後のそれぞれのガスのもつ熱エネルギー E_{CO_2}, E_{H_2O}, E_{N_2}, E_{O_2} は燃焼温度を t_b としているから，各成分の質量と比熱と温度をかけて得られ，

$$E_{CO_2} = \frac{44}{12} w_C \cdot [c_{pCO_2}]_{tb} \cdot t_b \tag{6.21}$$

$$E_{H_2O} = \frac{18}{2} w_H \cdot [c_{pH_2O}]_{tb} \cdot t_b \tag{6.22}$$

$$E_{N_2} = (w_{aN} + w_N) \cdot [c_{pN_2}]_{tb} \cdot t_b \tag{6.23}$$

$$E_{O_2} = \left(w_{aO} + w_O - \frac{32}{12} w_C - \frac{16}{2} w_H \right) \cdot [c_{pO_2}]_{tb} \cdot t_b \tag{6.24}$$

で表される．ただし，E_{O_2} は希薄混合気の燃焼の場合に考慮するもので，それ以外では $E_{O_2}=0$ である．また，先に仮定したように燃料が多い過濃域では CO の生成など，他の成分の生成を考慮しなければならないが，ここでは燃焼温度の求め方を説明するために簡単な希薄混合気の燃焼としている．

（4） 燃焼温度の計算

燃焼前後のエネルギーのバランスは

$$E_u = E_{CO_2} + E_{H_2O} + E_{N_2} + E_{O_2} \tag{6.25}$$

である．したがって，式（6.16）と式（6.21）〜（6.24）を代入して

$$\begin{aligned}
H_u &+ [c_{pf}]_{ti} \cdot t_i + R \cdot [c_{pa}]_{ti} \cdot t_i \\
&= \frac{44}{12} w_C \cdot [c_{pCO_2}]_{tb} \cdot t_b \\
&+ \frac{18}{2} w_H \cdot [c_{pH_2O}]_{tb} \cdot t_b \\
&+ (w_{aN} + w_N) \cdot [c_{pN_2}]_{tb} \cdot t_b \\
&+ \left(w_{aO} + w_O - \frac{32}{12} w_C - \frac{16}{2} w_H \right) \cdot [c_{pO_2}]_{tb} \cdot t_b
\end{aligned} \tag{6.26}$$

として燃焼温度 t_b を求めることができる．

この式は一見して，単に t_b の一次関数のように見えるが，実際の燃焼ガスは完全ガスではなく，実存気体では付録の表 C に示すように温度によって平均比熱 $[c_p]$ が変化し，比熱も t_b の関数である．したがって，t_b をただちに求めることができないので，燃焼温度を仮定し，これに対応する $[c_p]$ 値を求め，式（6.26）の両辺が等しくなるように繰り返し計算を行って燃焼温度を求める．

6章 予混合燃焼の混合比と燃焼温度

■**例題 6.4** 初期温度が 25℃の純粋なメタン（分子式：CH_4）燃料の理論混合気を，一定圧力の条件で燃焼させた場合の燃焼温度を求めなさい．ただし，メタンの発熱量を 55.5 MJ/kg，常温付近の定圧比熱を 1.69 kJ/kg とする．

➡解答 本文 6.6 節に添って計算する．なお，この計算の前に，メタンの理論混合比などを求めておく必要があるので，まずその計算を行う．

（1）炭素 C の原子量を 12，水素の原子量を 1 とすると，理論混合比 AF_{th} は式（6.8）から

$$AF_{th} = \frac{4.312 \times 32 \times (1+4/4)}{12 \times 1 + 4} = \frac{276.0}{16} = 17.25 \quad (\text{ここでは記号 } R)$$

燃料の成分は C，H であり，これ以外はない．C，H の成分比 w_C，w_H は

$$w_C = \frac{12 \times 1}{12 \times 1 + 4} = 0.75, \quad w_H = \frac{4}{12 \times 1 + 4} = 0.25$$

また，燃料 1 kg を燃焼させる空気中の窒素の質量 w_{aN} は，空燃比と空気の成分割合表 6.1 から

$$w_{aN} = 17.25 \times \frac{3.312}{4.312} = 13.25$$

（2）燃焼前の混合気のもつ熱エネルギー

発熱量 H_u は問題に与えられており，55.5 MJ/kg である．また，空気の比熱は付録の表から読み取る．未燃混合気のもつ熱エネルギー E_u は式（6.16）を用いて

$$E_u = H_u + [c_{pf}]_{ti} \cdot t_i + R \cdot [c_{pa}]_{ti} \cdot t_i$$
$$= 55.5 \times 10^3 + 1.69 \times (25 + 273) + 17.25 \times 1.006 \times (25 + 273)$$
$$= 61\,175 \quad [\text{kJ}]$$

（3）燃焼後の燃焼ガスの成分

燃焼ガス中の成分はメタン燃料が燃えた CO_2，H_2O と空気中の窒素である．式（6.17），（6.18），（6.19）から

$$w_{CO_2} = \frac{44}{12} w_C = \frac{44}{12} \times 0.75 = 2.75$$

$$w_{H_2O} = \frac{18}{2} w_H = \frac{18}{2} \times 0.25 = 2.25$$

$$w_{aN} = 13.25$$

（4）燃焼ガス成分のもつ熱エネルギーと燃焼ガス温度の計算

燃焼ガスの熱エネルギーを計算するためには，燃焼ガス温度を仮定しなければならない．これは本文にも説明したように，燃焼ガスの成分は実在気体を考えているので，比熱が温度によって異なることから，単純に燃焼ガス温度を求める式にはなっていないためである．

① まず，燃焼温度 $t_b = 2\,000$℃ と仮定して燃焼ガスの熱エネルギーを求める．燃焼ガス成分の比熱は付録の表から読み取る．

$$E_{CO_2} = w_{CO_2} \cdot [c_{pCO_2}]_{tb} \cdot t_b = 2.75 \times 1.243 \times (2\,000 + 273) = 7\,770$$
$$E_{H_2O} = w_{H_2O} \cdot [c_{pH_2O}]_{tb} \cdot t_b = 2.25 \times 2.440 \times (2\,000 + 273) = 12\,479$$
$$E_{N_2} = w_{aN} \cdot [c_{paN}]_{tb} \cdot t_b = 13.25 \times 1.193 \times (2\,000 + 273) = 35\,930$$

したがって，燃焼ガスの全熱エネルギー E_b は

$$E_b = E_{CO_2} + E_{H_2O} + E_{N_2} = 56\,179 \quad [kJ]$$

これは(2)で求めた燃焼前の混合気の熱エネルギー E_u より小さい．つまり仮定した燃焼温度が低すぎた結果である．

② そこで，燃焼温度 $t_b = 2\,500\,℃$ と仮定して同じような計算を行う．

$$E_{CO_2} = w_{CO_2} \cdot [c_{pCO_2}]_{tb} \cdot t_b = 2.75 \times 1.264 \times (2\,500 + 273) = 9\,639$$
$$E_{H_2O} = w_{H_2O} \cdot [c_{pH_2O}]_{tb} \cdot t_b = 2.25 \times 2.549 \times (2\,500 + 273) = 15\,904$$
$$E_{N_2} = w_{aN} \cdot [c_{paN}]_{tb} \cdot t_b = 13.25 \times 1.218 \times (2\,500 + 273) = 44\,752$$

したがって，燃焼ガスの全熱エネルギー E_b は

$$E_b = E_{CO_2} + E_{H_2O} + E_{N_2} = 77\,295 \quad [kJ]$$

これは(2)で求めた燃焼前のエネルギーよりかなり大きい．つまり，燃焼ガス温度を高く見積もりすぎたためである．

③ そこで，燃焼ガス温度を $t_b = 2\,200\,℃$ と仮定して同じような計算を行う．

$$E_{CO_2} = w_{CO_2} \cdot [c_{pCO_2}]_{tb} \cdot t_b = 2.75 \times 1.252 \times (2\,200 + 273) = 8\,515$$
$$E_{H_2O} = w_{H_2O} \cdot [c_{pH_2O}]_{tb} \cdot t_b = 2.25 \times 2.482 \times (2\,200 + 273) = 13\,810$$
$$E_{N_2} = w_{aN} \cdot [c_{paN}]_{tb} \cdot t_b = 13.25 \times 1.189 \times (2\,200 + 273) = 38\,960$$

したがって，燃焼ガスの全熱エネルギー E_b は

$$E_b = E_{CO_2} + E_{H_2O} + E_{N_2} = 61\,285 \quad [kJ]$$

これは(2)で求めた E_u に近づいたが，まだ少し大きい．つまり燃焼温度をまだ高く見積もっていることになる．

④ そこで，再度燃焼ガス温度を $t_b = 2\,100\,℃$ と仮定して同じような計算を行う．

$$E_{CO_2} = w_{CO_2} \cdot [c_{pCO_2}]_{tb} \cdot t_b = 2.75 \times 1.247 \times (2\,100 + 273) = 8\,138$$
$$E_{H_2O} = w_{H_2O} \cdot [c_{pH_2O}]_{tb} \cdot t_b = 2.25 \times 2.461 \times (2\,100 + 273) = 13\,140$$
$$E_{N_2} = w_{aN} \cdot [c_{paN}]_{tb} \cdot t_b = 13.25 \times 1.197 \times (2\,100 + 273) = 37\,637$$

したがって，燃焼ガスの全熱エネルギー E_b は

$$E_b = E_{CO_2} + E_{H_2O} + E_{N_2} = 58\,915 \quad [kJ]$$

⑤ これらの計算結果から，燃焼温度は $2\,100\,℃$ と $2\,200\,℃$ の間にあることがわかった．付録にある燃焼ガスの比熱のデータは $100\,℃$ おきにしかないため，この間の比熱の変化は直線的であるとして，$2\,100\,℃$ と $2\,200\,℃$ の燃焼ガスの熱エネルギーの比率で比例配分して燃焼温度 t_b を求める．

これより燃焼温度は $2\,195\,℃$ であることが求まる．

（5） 熱解離

実際の燃焼では**熱解離**という現象があるため，先に述べた理論燃焼温度にはならず，これより低い温度となる．燃焼ガスの温度が約1 700 Kを超えると，燃焼によって生成したCO_2，H_2O などの分子が，部分的に逆反応（吸熱反応）を起こすことを熱解離という．この場合の反応式の例は次のようなものである．

$$CO_2 \longrightarrow CO + \frac{1}{2}O_2 - 282.5 \quad [MJ/kmol] \tag{6.27}$$

$$H_2O \longrightarrow H_2 + \frac{1}{2}O_2 - 241.4 \quad [MJ/kmol] \tag{6.28}$$

ただし，右辺の数字は発熱量（実際には吸熱）であり，H_2O は低発熱量（つまり状態は気体）を基準としている．

第6章　演習問題

1. 混合比について説明しなさい．
2. 理論混合比について説明しなさい．
3. 理論混合比を求める考え方について説明しなさい．
4. 発熱量とは何か．また高発熱量と低発熱量について説明しなさい．
5. メチルアルコール（分子式：CH_3OH）を燃焼させた場合には，低発熱量，高発熱量が存在するのかどうかについて検討しなさい．
6. 理論燃焼温度を求める考え方を説明しなさい．
7. 温度によって比熱が変化しない，また，燃焼前の混合気のもつエネルギーは発熱量のみと仮定して，概略的な燃焼温度を求める方法を示しなさい．
8. 熱解離とはどのような現象であるかを説明しなさい．
9. 燃料が燃焼し，20℃の混合気が熱解離がない場合には2 100℃の燃焼ガスになったとする．この時に熱解離が1％（質量割合）起こったとすると，燃焼温度はおよそ何度になるか求めなさい．

7 点火と燃焼限界

【点火用の火花放電】

　この章では，燃焼を開始させるための点火の原理とその方法について学ぶ．また，工業的には燃焼は熱の発生を利用する立場がほとんどであるが，防災上の見方からは，燃焼を停止させる「消炎」という効果を学んでおくことも重要である．あわせて，燃焼は燃料と空気が存在すれば必ず燃焼できるものではないことを理解する．

7.1　点火の定義

　点火の定義は「自ら燃焼を継続していく**火炎伝播**ができるような高密度のエネルギーをもつ**火炎核**を作ること」である．点火から燃焼への過程は

　　　　　点火 ── 火炎核の形成 ── 火炎伝播（燃焼）

である．火炎核が形成されても実際には火炎が伝播できない場合もあり，このような場合は点火とはいわない．図7.1にその具体的なイメージ図を示す．図7.1の右上段はうまく点火できた例，下段は点火できなかった例である．

　点火のエネルギー源は電気火花を利用する場合が多い．予混合気の中で電気火花の放電を行うと，エネルギー密度の高い，ある程度の大きさがある火炎核ができる．

このエネルギー密度の高い火炎核から，火炎核の隣にある次に燃焼する予混合気に十分なエネルギーが与えられ，エネルギーが与えられた予混合気の部分が，自ら燃焼できる温度である**点火温度**以上になると，自ら発熱を伴う燃焼が起こり，これを繰り返すことで火炎伝播として燃焼が継続していく．一方，火炎核のもつエネルギーが十分でなかったり，混合比が適正でなかったり，また火花放電させる電極などへ熱が多く逃げたりすると，次に燃焼するはずの予混合気に十分なエネルギーが与えられず，予混合気の温度が点火温度まで上がらない．この場合には火炎伝播できるような点火とはならないで失火となる．

■図7.1　点火の成功と失敗のイメージ

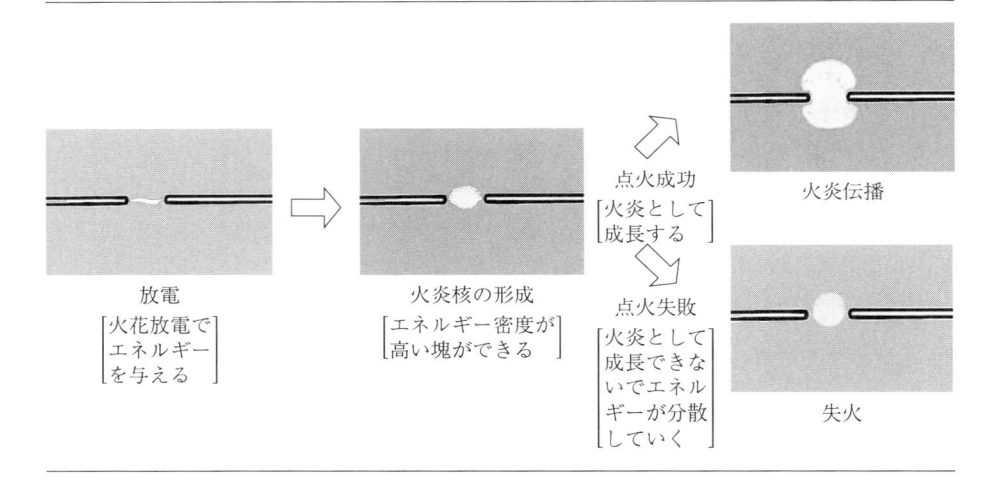

放電
[火花放電でエネルギーを与える]

火炎核の形成
[エネルギー密度が高い塊ができる]

点火成功
[火炎として成長する]
火炎伝播

点火失敗
[火炎として成長できないでエネルギーが分散していく]
失火

7.2　発火点と引火点

　発火点と引火点は似たような用語であるため，定義を明らかにする．また発火点と引火点の計測方法と問題点について説明する．

（1）発火点と引火点の定義

　発火点とは，「熱が発生する速度と熱を放出する速度がつりあう温度」または，「外部から点火などのエネルギーを受けずに自ら燃焼を開始できる温度」と定義され，この温度を**点火温度**という．発火点と点火温度という用語は一般的には同じ意味であるが，発火点はどちらかというと定性的な意味に，点火温度は定量的な値を示す場合に用いられる．発火点に対して**引火点**は「ほかの熱源を点火源として連続

して燃焼が開始できる温度」をいう．つまり，引火点はそれ自身，そのままでは燃焼を開始できる状態にはないが，ほかからエネルギーをもらえば燃焼を開始できる温度のことである．

（2）　発火点の測定方法

実験的に測定される発火点の温度は，実験方法によって結果が大きく異なる．方法としては次のようなものがある．

①　**定容加熱法**：　あらかじめ十分に混合した予混合気を定容容器内に入れ，この容器を外部から少しずつ加熱していき，容器内部の混合気が自ら燃焼を開始した温度を発火点（点火温度）とする．問題点は容器の温度と混合気の温度が必ずしも等しくない場合があり，これが実験の誤差となることである．

②　**定圧流入法**：　燃料のガスと酸化用のガス（空気または酸素）を別々に，ある一定温度に加熱しておき，これと同じ温度である容器に指定された割合で入れて混合する．このとき，自ら燃焼が開始できればその最低温度を点火温度とする．実験方法の問題点としては，混合が十分に行えない場合に精度が悪くなることである．

③　**断熱圧縮法**：　十分に混合した予混合気を容器内で急速に圧縮することによって温度を上げる．この温度上昇で自己着火する最低温度を点火温度とする．ただし，この場合は上記の方法に比べると圧縮して温度をあげるため，一般に圧力が高い条件しか実験できない．また，圧縮中に起こる熱損失による温度の変化も誤差の原因となる．

実験方法によって，たとえば，水素・空気混合気（水素29％，空気71％）での点火温度の実測例には，表7.1に示すようにばらつきがある．

表7.1　実験方法による点火温度の実測値の差
（水素29%・空気71%混合気の例）

実験方法	実測値
定容加熱法	700 〜 860 ℃
定圧流入法	608 〜 613 ℃
断熱圧縮法	410 〜 571 ℃

（3）　発火点の測定例

図7.2にメタンなどの炭素数の少ない低級炭化水素の点火温度を示す．これは定容加熱の方法による実験結果である．燃料の構造が簡単なものほど発火点は高い．後に出てくる引火点の特性と比較してみると，両者の傾向が違うのがわかる．

（4）　発火点に対する混合比，圧力の影響

燃料にペンタン（C_5H_{12}）を用いた場合の実験によれば，点火温度は混合比と圧力

■図7.2 発火点の実測例（定容加熱による試験）

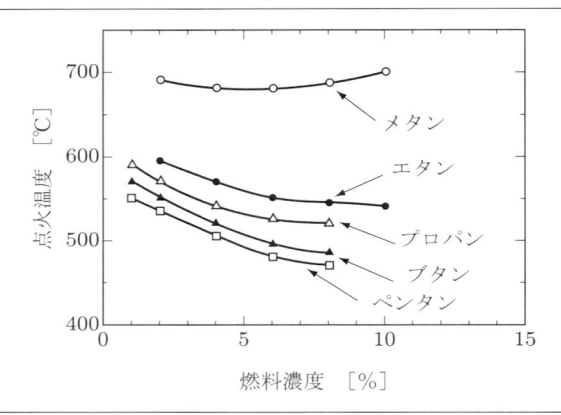

によって影響を受ける．

　混合比は可燃範囲であれば，燃料濃度が薄い方から濃くなるにつれて点火温度はやや下がる傾向にある．

　圧力については常圧より上げていくと点火温度は下がる．ペンタンの実験では，1気圧では点火温度が550℃であるが，5気圧では250℃くらいになる．ただし，これ以上圧力を上げても点火温度はほとんど変わらない．

（5）　引火点の測定方法

　一般には液体燃料について**引火点の計測**が行われる．密閉した容器内に燃料を入れ，これを加熱し，燃料蒸気が発生した段階で，小さい火炎で点火し，燃焼が開始できた温度を引火点温度とする．密閉式試験方法としては，物理の実験などでもよ

■図7.3　ペンスキーマルテンス型引火点測定装置

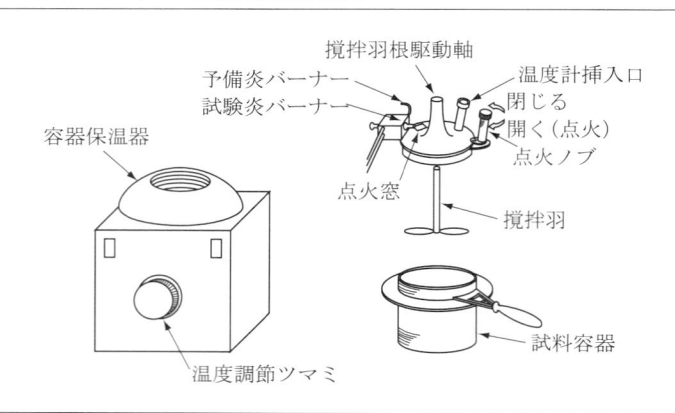

く用いられる図7.3に示すようなペンスキーマルテンス法が有名である．

（6）　引火点の実測例

図7.4に炭化水素燃料の引火点と沸点との関係を示す．

燃料の成分中の炭素数の増加によって引火点も上昇する．燃焼が開始されるときには燃料蒸気の発生という現象があるため，成分中の炭素数と沸点との関連が強く，図に示したように両者には強い相関がある．

■図7.4　炭化水素の引火点と沸点との関係（炭化水素：$C_{6～14}$）

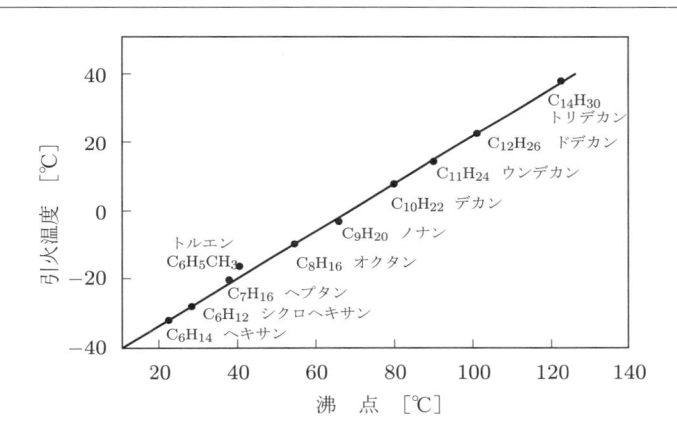

7.3　火花点火

燃焼を開始させる方法はいくつかあるが，この節ではもっとも多く用いられる**火花点火**について述べる．

火花点火は電気的な火花放電によって行われる．

（1）　電気火花の分類

電気火花には高電圧を発生させて電極間に放電を行わせる**高圧火花**（spark）と比較的低電圧でスイッチのon/offなどのときに発生する火花，すなわち**電弧**（arc）とがある．

また，電気回路の比較から電気火花の分類としては，コンデンサーに蓄積されたエネルギーを放電する**容量火花**と，コイルに蓄えられたエネルギーを放電する**誘導火花**がある．圧電素子に力を加えて電圧を発生させるピエゾ効果による放電は，容量火花に分類される．

（2） 高圧放電のための電気回路

高圧放電のためには当然高電圧の電源が必要となる．高圧放電では通常1kV以上の電圧で放電することが多く，使用しやすい家庭用の交流電源や電池などの電源をそのまま利用することはできない．そこで電圧を上げる装置を用いる．また，燃焼によるエネルギー発生装置が移動できる形式（たとえば自動車用エンジン）の場合の点火装置としては，直流電源（バッテリーなど）がほとんどのため，電圧を上げるために直流を交流にすることも必要となる．直流電源をエネルギー源とした場合の典型的な電気回路を図7.5に示す．

■図7.5　直流電源を利用した基本的な火花点火回路

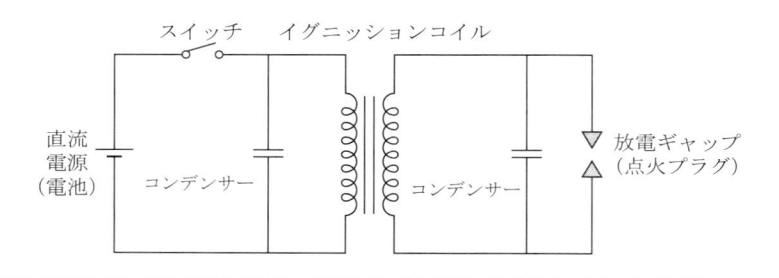

直流電源からの電流は昇圧用のコイルに流されるが，電流変化を起こさせるために，直流側（一次側）の回路にスイッチをつけ，この断続によって電流を変化させる．電流変化による電磁誘導によって電圧を上げ，また放電する時期を制御する．電流の変化を利用してコイルまたはトランスを用いて二次側の電圧を上げ，高電圧が放電電極に導かれて放電される．

二次側にコンデンサーが入っていれば，放電時にここに蓄えられた電気エネルギーの成分も加えられる．また，誘導エネルギー分とコンデンサーのエネルギーの蓄積量によってどちらの放電成分が支配的になるかが決まる．

（3） 理論的放電エネルギー

昇圧部分での損失などがなければ，一次側でも二次側でも**放電エネルギー**は同じように定義できる．

一次側で定義すれば，コイルに蓄えられるエネルギー E_1 はコイルのインダクタンスを L_1，流れる電流を i_1 とすれば

$$E_1 = \frac{1}{2} L_1 i_1^2 \tag{7.1}$$

または，二次側でコンデンサー容量 c_2 に電圧 V_2 で蓄えられているものが放電した

とすればそのエネルギー E_c は

$$E_c = \frac{1}{2} c_2 V_2{}^2 \tag{7.2}$$

となる．実際にはいろいろな損失があるため，放電エネルギーはこの理論値より小さくなる．

（4） 放電の性質

一般のコイルによる方法では容量成分（放電時間は μs オーダー）と誘導成分（放電時間は $0.1 \sim 1\,\mathrm{ms}$）の合成であり，二次側に大きなコンデンサーを入れると容量分が主体となる．また，電極間隙を広くし，電圧を上げると容量分が大きくなる．

7.4 消 炎

混合気を点火する場合に，点火に十分な火花放電のエネルギーを与えながら，放電電極の間隔を徐々に狭くしていくと，ある程度以下ではこれまで点火できていた条件でも燃焼が開始しなくなる電極の幅がでてくる．この燃焼できなくなる現象を**消炎**（quench）といい，この距離を**消炎距離**（quenching distance）という．実際の実験では周囲の影響をなくすために，放電電極の先端に十分広い絶縁性の材質のフランジを付けて行う．

消炎という現象は，放電によるエネルギーが燃焼させる予混合気に十分に与えられないで，電極の温度上昇に逃げてしまうために起こる．

点火しようとするときと同じような消炎現象は，火炎伝播においても発生する．たとえば，容器内の燃焼において，中心から伝播してきた火炎が容器の壁に近づくと，火炎と壁の間にある予混合気へ伝わるべき伝熱量を壁が奪い，壁近くの薄い層内では予混合気の温度が上らず，燃焼が継続できなくなる．この現象も消炎という．この場合の消炎のイメージを図 7.6 に示す．

消炎という現象は燃焼が中断されるので，燃焼現象としては不都合であるが，防災上では利用方法がある．たとえば，可燃性のガスをパイプで送る場合に何かの理由で燃焼が開始してしまう事故が考えられる．一般には純粋な燃料だけを送っていれば，酸素は含まれていないので燃焼は起こらない．燃料を輸送する装置によっては，何かの原因で燃焼が起こってしまうこともまったくないわけではない．このような事故に対する対策として，細い管を無数に束ねたものを輸送する管路内に入れておく．細管の部分を通過しようとした火炎の熱エネルギーが細管に伝わり，火炎

■図7.6 消炎の発生するイメージ

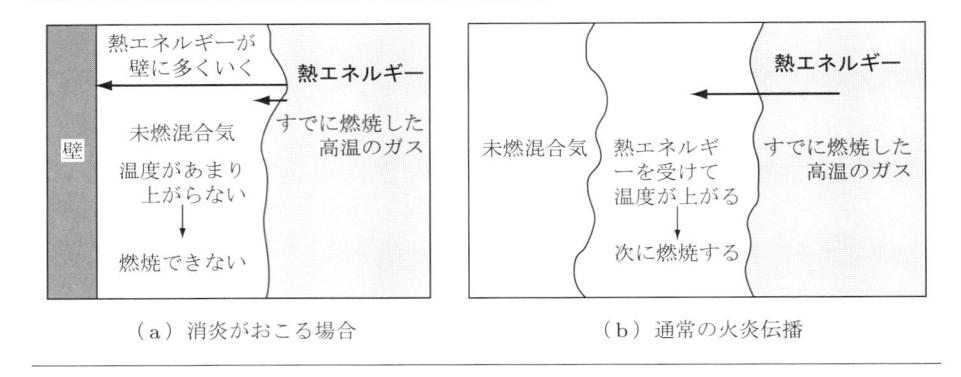

（a）消炎がおこる場合　　　　　　　（b）通常の火炎伝播

伝播をここで食い止めることができる．この防災方法は条件にもよるので絶対に安全とはいえないが，ある程度の効果は発揮される．

7.5 ガス流動と点火

点火エネルギーが十分に大きくない場合は，混合気の流動状態によって点火するかどうかが変化する．

（1）実験的事実

管内に予混合気を流して，その途中で点火する実験を行ってみる．予混合気が静止している状態から少しづつ流速を上げていくと，点火エネルギーが小さくても点火するようになり，層流域から乱流域に変わる遷移域あたりで，もっとも点火しやすくなる．これを過ぎると，また点火エネルギーを大きくしないと点火しなくなる．

（2）最適な流速がある理由

火炎核は電極に近い所にとどまると，より冷却されやすくなる．すなわち，ガス流動によって電極から火炎核が離されれば，電極への熱損失が少なくなり，失火する割合が減る．また，火炎核の大きさそのものも燃焼が開始することに関係し，あまり小さい体積ではエネルギー密度が高くても火炎伝播ができないため，たとえば静止火炎では少し大きめの点火エネルギーを必要とする．

一方，予混合気の流速が速くなりすぎると，火炎核から周囲の多くの体積に熱を与えることになり，次に燃えるべき混合気の単位質量当たりに受けるエネルギーが少なくなって，火炎伝播できなくなる．つまり，流速が速いと全体のエネルギーは同じであっても，単位体積に与えられるエネルギーが希薄になり，点火温度まで上

■図7.7 点火と流速の関係

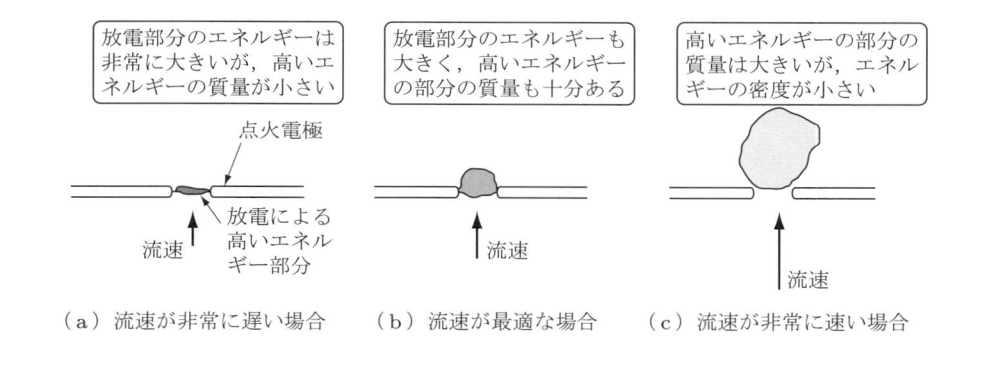

(a) 流速が非常に遅い場合：放電部分のエネルギーは非常に大きいが，高いエネルギーの質量が小さい
(b) 流速が最適な場合：放電部分のエネルギーも大きく，高いエネルギーの部分の質量も十分ある
(c) 流速が非常に速い場合：高いエネルギーの部分の質量は大きいが，エネルギーの密度が小さい

昇しないため，失火する．点火と流速の最適値に関するイメージを図7.7に示す．

7.6 点火エネルギーの測定

燃焼を開始させるための点火エネルギーは，十分大きければ問題なく点火するが，必要以上に大きくても燃焼にはあまり関係ない．したがって，燃焼が開始できる点火エネルギーがどの程度であるかを調べておく必要がある．

（1） 電気的計測

火花点火エネルギーは理論的には，たとえばコンデンサーに蓄えられるエネルギーとしては，$1/2 cV^2$で表されるので，二次側のコンデンサーの容量（キャパシタンス：c）がわかっていて，そこにかかる電圧（V）を計測すれば求められる．

実際にはこのエネルギーすべてが放電するわけではないので，実際の放電電圧（V）の時間的な変化と電流値（I）の時間的な変化を実測して

$$E = V \cdot I \tag{7.3}$$

を放電時間の期間，積分して求めればよい．しかし，放電電圧が高く，電流の時間的な変化が大きいため，計測装置に電磁誘導によってノイズがのりやすく，これが誤差となるため，実際の計測は困難である．

（2） 熱的計測

1回の放電エネルギーは微小なので計測は困難であるが，毎回同じ放電をしているとすれば次のようにして求めることができる．

図7.8に示すように，空気が満たされた断熱容器，たとえば魔法瓶のようなもの

に，点火プラグと温度計をつけ，点火プラグに長時間にわたって多数回の放電を行う．このときの放電回数（n）と内部にある空気の温度上昇分（ΔT）を計測する．

空気の比熱をc_v，空気の質量をMとすると，ΔTだけ温度上昇したことによるエネルギーの増加分Qは

$$Q = M c_v \Delta T \tag{7.4}$$

であるから，1回の放電エネルギーはこの$1/n$である．

また，次のような方法もある．

断熱ではない容器に，先と同じように放電電極と温度計を取り付け，多数回連続的に放電して，温度上昇の時間経過を計測する．つぎに，同じ条件で放電電極の代わりに電熱線を取り付け，電熱線に流す電流を何種類も変え，電熱線の発熱状態をいろいろ変えて温度上昇の経過を計測する．放電した場合と温度上昇の過程が同じになったときの電熱線の発熱量が放電エネルギーである．この時の単位時間当たりの電熱線の発熱量Qと単位時間当たりの放電回数nからQ/nとして1回の放電エネルギーが計測できる．

■図7.8　火花放電エネルギーの計測方法

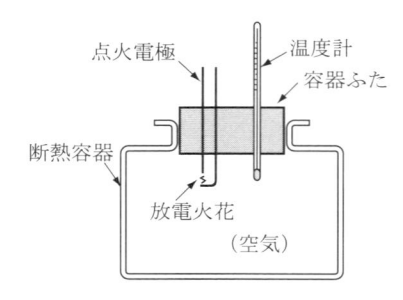

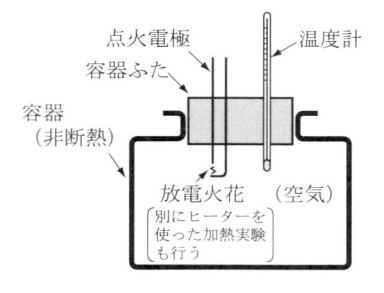

(a) 断熱容器を用いる場合
（放電エネルギーの絶対値を計測する）

(b) 非断熱容器を用いる場合
（放電エネルギーと加熱供給熱量を比較する）

（3）計測例

測定例として，1回当たりの点火エネルギーは35mJ，火花放電の熱エネルギーへの変換効率が82％という実験結果がある．

（4）最小点火エネルギー

混合比によって点火できる最小エネルギーが異なる．メタン・空気混合気などについては，図7.9のような実験結果が報告されており，メタンを除いて理論混合比より燃料が多い濃い混合比で，**最小点火エネルギー**が最小となっている．

■図7.9　炭化水素燃料・空気混合気の最小点火エネルギーの例

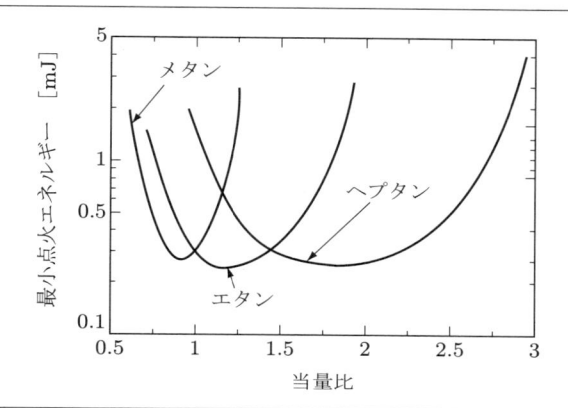

7.7　着火遅れ（点火遅れ）

　点火などによって適正な混合気を燃焼させる場合でも，点火エネルギーを与えると，時間的な遅れがまったくなしに燃焼が始まるわけではない．

（1）　着火遅れの定義

　着火に必要な条件が整ってから，圧力または温度が上昇して着火したとみなせるまでの時間，またはこのようなタイムラグがある現象を**着火遅れ**，または**点火遅れ**という．確率的な要素があり，確定的に決定することは難しい．

（2）　着火遅れの分類

　①　**化学的着火遅れ**：　火炎核の内部に発生したエネルギーの大きい活性基は，その後の発熱反応（連鎖分岐反応）によって増加したり，吸熱反応（連鎖停止反応）によって減少したりする．活性基がある濃度以上になると，爆発的に活性基濃度が増加して着火する．つまり，活性基がある濃度以上に増加するのに必要な時間が**化学的着火遅れ**である．

　②　**物理的着火遅れ**：　予混合気では**物理的着火遅れ**の因子は，熱の移動現象に起因するものであり，火炎核または混合気の熱移動に時間がかかる場合がこれに相当する．

　一方，拡散燃焼では，全体としては燃料も空気も適度に存在し，温度も十分に上がっているのに燃焼しない場合がある．噴霧が燃焼する場合では蒸発を含めた熱移動量が大きく，燃料の加熱，蒸発，空気との混合などに必要な時間が化学的な着火遅れに加わる．

(3) 化学反応による着火遅れの判断

化学反応速度は一般的には近似的にアレニウス型の式で表される．すなわち，無次元反応速度 X は活性化エネルギーを E [J/kg, J/mol]，ガス定数を R [J/(kg·K), J/(mol·K)]，温度を T [K] とすると

$$X = \exp\left(-\frac{E}{RT}\right) \tag{7.5}$$

で表される．つまり，反応速度は活性化エネルギー E に逆比例するので，これによって化学的着火遅れを説明できる．具体例を図7.10に示す．

■図7.10 燃料による着火遅れ（ベンゼン，オクタン，ヘプタン）
　　　　（急速圧縮装置による実験．Eは活性化エネルギー [J/mol]）

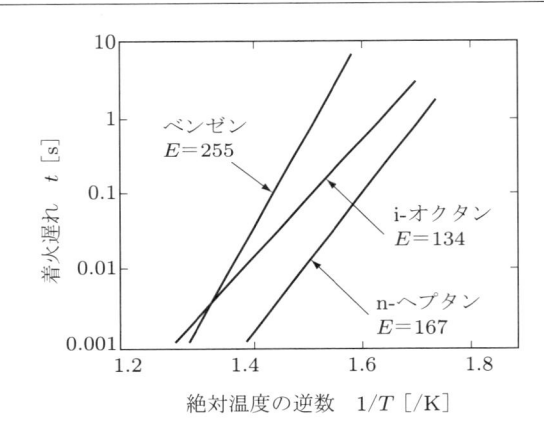

(4) 着火遅れの実験式

実験式の一例として，α メチルナフタリンの場合をつぎに示す．
全体の着火遅れを t，物理的着火遅れを t_p，化学的着火遅れを t_c とすると，

$$t = t_p + t_c$$
$$= 0.977 \exp\left(\frac{1070}{T}\right) + 2.18 \times 10^{-8} \exp\left(\frac{14510}{T}\right) \tag{7.6}$$

係数を別にすると，指数部は右辺第二項の化学的着火遅れの方が大きく，温度 T が一般的な点火温度程度では両者はほぼ同じオーダーであり，これより低い温度では圧倒的に化学的着火遅れが大きい．

(5) 予混合気の自発点火

自発点火する温度，すなわち点火温度および着火遅れを試験する方法は大きく分けて次の二つがある．

① **急速圧縮装置による方法**： 急速圧縮装置とは，一回だけ圧縮するピストンとシリンダーから構成される装置で，空気圧または油圧でピストンを高速で駆動する．ただし，圧縮するプロセスは完全な断熱圧縮にはならないこと，装置が非常に大がかりになることなどが欠点であるが，試験したい温度の状態を着火に対しては十分長い時間保持することができる．

② **ショックチューブ（衝撃波管）**： 高圧室と低圧室をもつ長いパイプで，両室の境を急激にはずすと，衝撃波が低圧室側に進行し，これがピストンの役目をして，低圧室側の管の端に短時間ではあるが，高温領域ができる．つまり，低圧室側の気体として着火遅れの試験をしたい混合気を用意すればよい．

一般には再現性のよい実験が可能であるが，高温状態の持続時間が極端に短い（msオーダー）という問題がある．

急速圧縮装置を用いた着火遅れの実験結果の模式図を図7.11に示す．圧縮してある圧力状態になってから，再度圧力が上昇し始めるまでの期間が着火遅れである．

■図7.11 急速圧縮装置による着火遅れの圧力経過

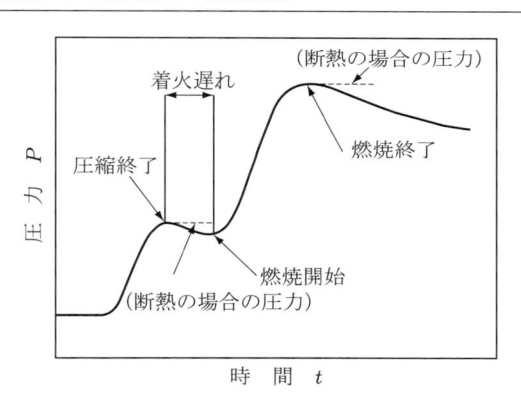

（6） 着火遅れに影響する因子

① **温　度**： 化学的着火遅れの項でも示したように，温度の上昇に伴い，急激に着火遅れは短くなる．

② **圧　力**： 圧力の影響は少ない．水素と空気の混合気で，1気圧以下では圧力の増加に伴い，わずかに着火遅れが短くなる例が報告されている．

③ **混合比**： 最適混合比付近で着火遅れは最小となる．それ以外では着火遅れは長くなる．

④ **他成分の影響**： 一般には不活性な気体が混入すると点火遅れは長くなる．特殊な例として一酸化炭素（CO）と空気の混合気では，一般的には不活性である

水蒸気の混入によって点火温度が低くなり，かつ着火遅れも短くなることが知られている．

7.8 燃焼限界の定義と温度・圧力の影響

燃焼限界とは，火炎伝播が自力で持続できる**限界条件**（混合比，圧力，温度など）をいう．一般には温度や圧力などの条件が示されるが，とくに指定がなければ温度と圧力の条件は常温常圧である．

① 温度の影響： 温度の上昇によって燃焼可能な範囲は広がる．
② 圧力の影響： 一般には影響は少ない．

7.9 燃焼限界の詳細

燃料や混合気によっては，同一温度であっても圧力によって燃焼したり，燃焼しなかったりする場合がある．一例として，水素・酸素混合気の温度と圧力による燃焼・非燃焼の状態を図 7.12 に示す．

■図 7.12 水素・酸素理論混合気の燃焼限界

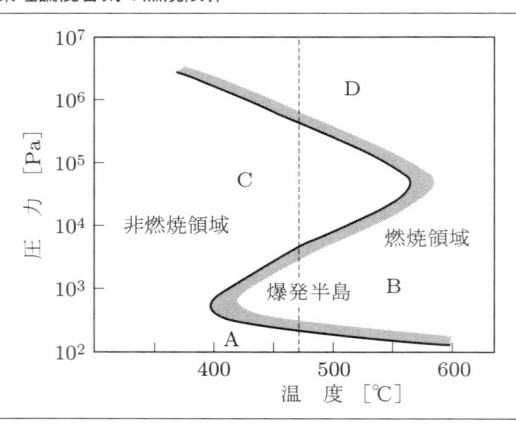

図 7.12 で図の中央部付近の同じ温度の条件に注目してみる．同じ温度でも圧力によって燃焼したり，燃焼しなかったりする理由はつぎのように説明されている．極低圧から圧力を上げていく条件で考察してみる．

（１）　A領域（圧力＝極低圧，燃焼／非燃焼＝非燃焼）

圧力が非常に低いため，燃焼反応をする分子は空間的に広くちらばっていて，分子同士の衝突の確率が極めて低くなる．燃焼反応も化学反応であり，衝突頻度が下がると反応しなくなる．つまり，非燃焼となる．

（２）　B領域（圧力＝低圧，燃焼／非燃焼＝燃焼）

B領域の燃焼と非燃焼の境界線を第一燃焼限界という．分子同士の衝突頻度がA領域より上がり，燃焼反応（発熱反応）が進む．B領域では燃焼可能となる．

（３）　C領域（圧力＝常圧，燃焼／非燃焼＝非燃焼）

C領域の限界を第二燃焼限界という．圧力が高いために，分子同士の衝突頻度が上がるが，活性が低くなる別の反応である失活速度が，活性が高くなる増殖速度を上回る．すなわち，熱が発生する反応より熱を吸収する逆反応の速度の方が大きくなってしまう．このため，燃焼は継続できず，燃焼できなくなる．

（４）　D領域（圧力＝高圧，燃焼／非燃焼＝燃焼）

D領域の限界を第三燃焼限界という．圧力が高いために，衝突頻度がさらに増し，C領域の燃焼とは逆反応（連鎖消滅反応）でできた成分（たとえばHO_2）が燃料と反応して，発熱反応が活発化する．また，混合気の密度が大きいため，単位体積当りの発熱量が大きく，燃焼が活性化する補助になる．このため燃焼領域となる．

このように，温度に対して燃焼できる圧力の条件が一様な変化ではなく，B領域の燃焼可能領域が非燃焼領域に突き出しているため，図7.11に示したこの部分を**爆発半島**とよぶ．

7.10　燃焼限界の実験方法

工業的に燃焼で熱エネルギーを発生させる場合も，消火のために燃焼を中断させる場合も，燃焼できる限界の条件を知っておく必要がある．つぎにこの実験方法について説明する．

（１）　燃焼限界の実験方法の条件

燃焼の開始そのものが，点火エネルギーの大きさによって左右されるため，十分強力な点火エネルギーが与えられることが条件となる．また，実験装置の大きさは，装置の大きさがあまり小さいと実験装置の壁面の影響を受けるため，ある程度以上の大きさが確保されていなければならない．

（2） 実験方法

よく用いられる方法は，一方の端が開放されていて，もう一方の端が閉じている管を用いる方法である．一端より混合気を入れ，ガラス板等で蓋をし，これを開いて点火する．管の直径は50mm以上，長さは1.2～1.8mのものが多い．

上方点火と下方点火の方法があり，下方点火の方が燃焼が継続しやすい．これは対流による影響がでるためである．

（3） 燃焼限界の決め方

燃焼が継続するかしないかは，限界付近では同一条件でも確率的な現象であり，確定的に燃焼，非燃焼が分かれるわけではなく，条件にある幅が存在する．通常は燃焼を熱の利用という立場で評価するので，100％燃焼できる条件（または確率50％の条件）が用いられる場合が多い．一方，防災という意味では，1％でも燃焼すれば燃焼限界内にあると定義する場合もある．

7.11 燃焼限界外への移行

防災という意味では，燃焼領域にある条件の混合気を非燃焼領域へ移行させることが好ましい．一般にはこれを**消火**とよぶ．消火の目的のための一つの方法として，不活性の微小粉末を混入する方法がある．

消火を目的とした微小粉末の特性としては

① 体積に比べて表面積が大きいこと（粉末への熱伝導，熱伝達量が増加する）

② 分布密度は予熱帯の厚さよりも十分濃度があること（予熱帯で既燃ガスの熱量を吸収し，未燃ガスには伝えない）

③ 融点が200℃以下のものが好ましい（融解熱が熱吸収に役立つ）

などである．

実際にはハロゲン化物の微小粒子が消火剤としてよく利用される．ハロゲン化物の中でも，塩化物＞ヨウ化物＞フッ化物の順に燃焼限界外への移行効果，つまり消火の効果があるとされている．

図7.13はガソリンを燃料とした混合気へ不活性な物質を加えた場合の燃焼限界の変化を示したものである．

また，消火には不活性なガスを混入する方法もあり，不活性ガスの一つが炭酸ガスである．表7.2は各種燃料への消火に必要な炭酸ガス濃度を示したものである．

■図 7.13 不活性な物質を加えた場合の燃焼限界の変化(ガソリン混合気へ不活性な物質の添加)

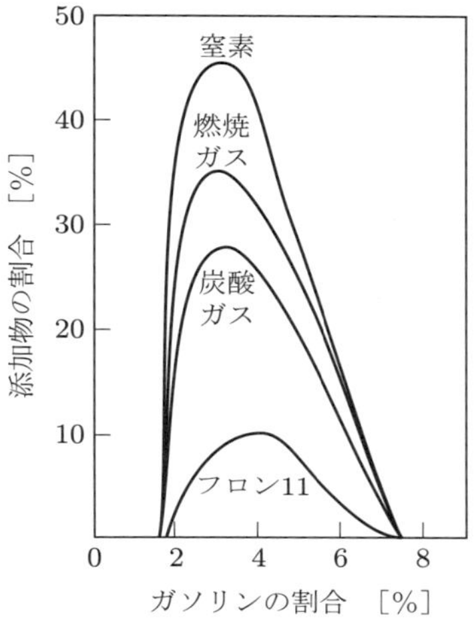
窒素
燃焼
ガス
炭酸
ガス
フロン11
50
40
30
20
10
添加物の割合 [%]
0
2
4
6
8
ガソリンの割合 [%]

表 7.2 各種燃料の消火に必要な CO_2 の濃度

燃　料	分子式	CO_2%
メタン	CH_4	25
エタン	C_2H_6	33
プロパン	C_3H_8	30
ブタン	C_4H_{10}	28
ヘキサン	C_6H_{14}	29
メタノール	CH_3OH	26
エタノール	C_2H_5OH	36
アセトン	C_3H_6O	26
アセチレン	C_2H_2	55
プロピレン	C_3H_6	30
シクロプロパン	C_3H_6	31
ベンゼン	C_6H_6	31
エチレン	C_2H_4	41
エチルエーテル	$(C_2H_5)_2O$	38
酸化エチレン	C_2H_4O	44
一酸化炭素	CO	53
二硫化炭素	CS_2	55
水素	H_2	62
ケロシン	―	28
ガソリン	―	28

表7.3 各種燃料の空気または酸素混合気の燃焼限界（体積%）

燃料	分子式	酸化剤	下限界	上限界
メタン	CH_4	空気 酸素	5 5.4	15 59.2
エタン	C_2H_6	空気 酸素	3 4.1	12.5 50.5
プロパン	C_3H_8	空気	2.1	9.4
ブタン	C_4H_{10}	空気	1.9	8.4
ペンタン	C_5H_{12}	空気	1.4	7.8
ヘキサン	C_6H_{14}	空気	1.2	7.4
ヘプタン	C_7H_{16}	空気	1.1	6.7
オクタン	C_8H_{18}	空気	0.95	——
ノナン	C_9H_{20}	空気	0.83	——
デカン	$C_{10}H_{22}$	空気	0.77	5.35
エチレン	C_2H_4	空気 酸素	2.8 2.9	28.6 79.9
プロピレン	C_3H_6	空気 酸素	2 2.1	11.1 52.8
アセチレン	C_2H_2	空気	2.5	80
ベンゼン	C_6H_6	空気	1.4	7.1
トルエン	C_7H_8	空気	1.3	6.8
シクロプロパン	C_3H_6	空気 酸素	2.4 2.5	10.4 63.1
メチルアルコール	CH_4O	空気	6.7	36.5
エチルアルコール	C_2H_6O	空気	3.3	19
メチルエチルエーテル	C_3H_8O	空気	2	10
ジエチルエーテル	$C_4H_{10}O$	空気 酸素	1.9 2.1	36.5 82
アセトン	C_3H_6O	空気	2.6	12.8
水素	H_2	空気 酸素	4 4.7	74.2 93.9
アンモニア	NH_3	空気 酸素	15.5 13.5	27 79
一酸化炭素	CO	空気 酸素	12.5 15.5	74.2 93.9

7.12　燃焼限界の実例

各種燃料やその混合気の実際の燃焼限界を表7.3に示す．条件は室温，常圧で，数字は体積％である．

表7.3から明らかなように，燃焼速度の速い水素，アセチレンなどは燃焼範囲が極端に広い．つまりどのような混合比でも燃焼する可能性があり，取り扱い上，十分注意を必要とする．

また家庭用燃料によく用いられるプロパンは燃焼の下限界が低い．このことは，わずかにプロパンがもれていても，室内に燃焼できる混合気が充満することになり，極めて危険であることがわかる．ガソリンなどの燃料も同様に**可燃範囲**が広く危険性が高い．

第7章　演習問題

1. 点火の定義を示しなさい．
2. 発火点，引火点の定義を示しなさい．
3. 電気による火花放電を発生させる方法について，簡単に説明しなさい．
4. 消炎という現象について説明しなさい，
5. 点火エネルギーの測定方法の中で，熱的な測定方法について説明しなさい．
6. 着火遅れについて説明しなさい．
7. 燃焼限界について簡単に説明しなさい．

8 燃焼速度の計測

【バーナーの予混合火炎】

　この章では，燃焼の基本である気体の燃焼速度，特に燃料と空気（または酸素）があらかじめ混合されている気体が，層流状態で燃焼する場合である予混合火炎の層流燃焼速度の計測方法について理解する．具体的な例として，バーナーを用いた定常状態での燃焼速度の計測方法，容器内燃焼における非定常状態での燃焼速度の計測方法をその原理とともに理解する．

8.1　燃焼速度について

　燃焼速度は1.5節で説明したように，燃焼している火炎の部分が未燃ガスに取り込まれる速度である．言い換えれば，未燃ガスに座標の基準をおいて，火炎がどの程度の速さで移動しているかということである．もう少しわかりやすくいえば，未燃ガスに漂う風船の中に観測する人がいて，その中にいる人からみて火炎がどの程度の速さで迫ってくるかということである．

　燃焼速度の計測には，バーナーや風船（実際にはシャボン玉），燃焼容器などの燃焼装置と，火炎が移動する，または拡がる状態を計測する装置が用いられる．混合気の速度，火炎形状，火炎の移動速度などを計測して，燃焼速度を算出する．

8.2 バーナー火炎による方法

　バーナー火炎を利用する計測方法は，大気圧条件における燃焼速度の計測に適している．実験装置も実験方法も比較的簡単であり，計測方法も要求される精度にもよるが，高精度で高価な計測器がなくても計測できる利点がある．ただし，圧力の影響を調べたい場合には，装置が大がかりになってしまうため，適していない．

（1）　火炎傾斜角法

　定常的な燃焼を行わせる燃焼装置として，ブンゼンバーナーに代表されるような単純なバーナーを使用する．このバーナーに燃焼速度を測りたい気体燃料と空気（または酸素）を予混合気にして送り込む．予混合気を燃焼させて定常的な燃焼を行わせ，その火炎の形状，特に円錐形の火炎の角度を計測して燃焼速度を求める．この方法を**火炎傾斜角法**（angle method）という．火炎傾斜角法は別名ミッチェルソンの方法（Michelson method）ともよばれる．

　図8.1に示すように，一定流速の予混合気を円筒から流出させて火炎を作ると，燃焼している火炎の部分の形状が円錐形の予混合火炎ができる．

■図8.1　バーナーによる燃焼速度の計測

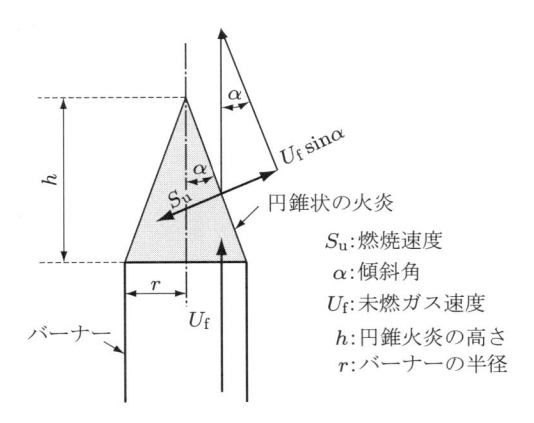

S_u：燃焼速度
α：傾斜角
U_f：未燃ガス速度
h：円錐火炎の高さ
r：バーナーの半径

　火炎の円錐の頂角の半分をαとし，バーナーの下側から供給される予混合気の流速をU_fとする．火炎が円錐状で安定して一定の位置にあるということは，火炎が燃焼するために混合気の流れて来た方向へ進む速度と，予混合気がバーナーから流出する速度が釣り合っていることを示している．したがって，図に示すように燃焼速度S_uと，予混合気の火炎面に垂直な方向の流速成分が等しいために，火炎が

一定位置にあることになるから，

$$S_\mathrm{u} = U_\mathrm{f} \sin\alpha \tag{8.1}$$

となる．

ここで，火炎の形状である角度 α は，たとえばバーナーの燃焼写真から求めることができる．予混合気の流速 U_f は混合気の速度を計測して求めるか，または燃料および空気の体積流量を計測して，バーナーの断面積で割ることによって求められる．ただし，体積流量から速度を求める場合には，バーナー内部での流速分布はどの半径位置についても一定であるという仮定が必要となる．この仮定は流速が極端に低い場合を除いて，ほぼ成り立つと考えていい．

傾斜角 α の計測方法は，火炎の発光をそのまま捉える直接写真で撮影する方法や，火炎の部分が燃焼により温度が上がり，気体の密度変化で光が屈折することを利用して計測する方法もある．

また，予混合気の流速測定についても，先の予混合気の体積流量を計測する方法以外にも，予混合気中に微粒子を入れて，その動きを画像として計測する可視化計測の方法もある．

（2） 火炎面積法

バーナー火炎を用いる点では先に説明した火炎傾斜角法と同じである．この方法は，燃焼速度が円錐状の火炎面のどこでも同じであれば，燃焼する体積と供給される予混合気の体積が同じであるという考えから，燃焼速度を求める方法である．これを**火炎面積法**（flame area method）という．

火炎の全表面積を A，予混合気の体積流量を V とすれば，平均的な燃焼速度 S_u は

$$S_\mathrm{u} = \frac{V}{A} \tag{8.2}$$

で求められる．この方法で計測するためには，予混合気の流速と燃焼速度がどの位置でも同じであることが条件となる．

体積流量は燃料や空気を供給する管路内部の流速から求めたり，または体積式の流量計を利用して求める．

火炎面積は図 8.1 のバーナー半径 r と火炎円錐の高さ h を計測して，

$$A = \pi r \sqrt{r^2 + h^2} \tag{8.3}$$

で求められる．

この方法は実際の円錐の母線が正確には直線ではないことなど，誤差もあるがその誤差はわずかである．

（3） 平面火炎法

非常に小さな多数の穴，つまり細い管を多く束ねたような管に予混合気を低速で

流し，その出口で燃焼させると，図8.2のようにバーナーの出口から少し離れた上側に，薄い平面の火炎ができる．このような火炎を**平面火炎**（flat flame）という．

平面火炎法では先の火炎傾斜角法のような円錐形の火炎ではなく，流出してくる混合気に垂直な火炎面ができるので，計測原理はいたって簡単になる．

■図8.2　平面火炎による燃焼速度の計測

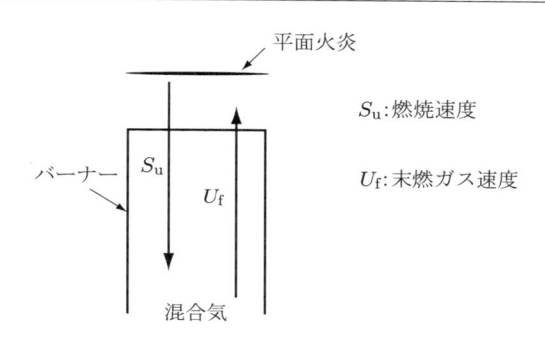

```
                平面火炎
      ┌──────────────┐
      │              │      $S_u$：燃焼速度
バーナー│ $S_u$        │
      │    $U_f$     │      $U_f$：未燃ガス速度
      │ ↓    ↑       │
      └──────────────┘
            混合気
```

このような燃焼では，予混合気の流出速度と燃焼速度が釣り合っているために，安定した位置で火炎がとどまっていることになる．つまり，予混合気の流出速度と燃焼速度が等しい．したがって

$$S_u = U_f \tag{8.4}$$

となる．すなわち，混合気の流出速度が燃焼速度になるという簡単な考え方で燃焼速度が求まる．この方法を**平面火炎法**（flat flame burner method）という．

この方法は実験装置や燃焼の安定性から，一般に燃焼速度が低い場合にしか適用できない．あまり予混合気の速度が低すぎると火炎面がバーナーに近づきすぎて，燃焼部分から発生する熱がバーナー本体に伝わってしまい，平面火炎の形状がゆがんだり，燃焼が継続できなかったりする．そのために正確な燃焼速度が出せない．また，流出速度が速すぎると火炎面に凹凸ができ，完全な平面火炎にはならないため，やはり正確な燃焼速度が求まらない．

8.3　球状進行火炎による方法

バーナーを用いた燃焼速度の計測方法は定常的な燃焼を利用した方法である．一方，非定状の燃焼でも，計測方法は複雑になるが，いろいろな条件における燃焼速度を求めることができる．ここでは非定常燃焼による燃焼速度の計測方法を二通り

説明する．

8.3.1 シャボン玉法

シャボン玉法（soap bubble method）は一定圧力の下で燃焼速度を計測する方法である．まず，予混合気を吹き込んでシャボン玉を作る．つまりシャボン玉の中には予混合気が充満した状態になっている．このシャボン玉の中心で点火してその火炎の広がりを計測し，これから燃焼速度を求める．シャボン玉の表面張力はわずかであるので，燃焼によって中の気体が膨張してもその分だけシャボン玉は大きくなり，一定の圧力における燃焼とみなすことができる．

図8.3(a)に示すように，燃焼を開始する前（時刻 $t=0$）の一番はじめのシャボン玉の半径を a とする．点火して火炎が半径 r_b まで進んだ時刻 t では，r_b の外側にあって燃焼前（$t=0$）に半径 r_0 にあった未燃ガスは，その後の燃焼によってシャボン玉の中心から気体が膨張し，外側に押しやられ，r まで移動したとする．この部分だけ拡大して，図8.3(b)のように考えることができる．

この場合，燃焼前に半径 r_0 内にあった着目している未燃ガスの質量 M_0 と，火炎が r_b まで進んだ時の半径 r の内側について考える．時刻 t までに燃焼した部分，つまり既燃ガスの質量を M_b，半径 r の内側にある未燃ガスの質量を M_u とおいて，燃焼した部分の質量 M_b は，半径 r_b までの質量だから，既燃部の密度を ρ_b とすると

$$M_b = \frac{4}{3}\pi \rho_b r_b^3 \tag{8.5}$$

半径 r 内の未燃ガスの質量は，半径 r_b から r までの範囲にある質量だから，未燃部の密度を ρ_u とすると

$$M_u = \frac{4}{3}\pi \rho_u (r^3 - r_b^3) \tag{8.6}$$

一方，もともと半径 r_0 までにあった未燃ガスの質量は

$$M_0 = \frac{4}{3}\pi \rho_u r_0^3 \tag{8.7}$$

である．

燃焼前と燃焼途中では，ガスの成分は違うが質量は同じであるから，質量保存の条件から

$$M_0 = M_b + M_u \tag{8.8}$$

であるから，式(8.8)に式(8.6)(8.7)を代入して

$$\frac{4}{3}\pi \rho_b r_b^3 + \frac{4}{3}\pi \rho_u (r^3 - r_b^3) = \frac{4}{3}\pi \rho_u r_0^3 \tag{8.9}$$

8.3 球状進行火炎による方法

■図8.3 シャボン玉法

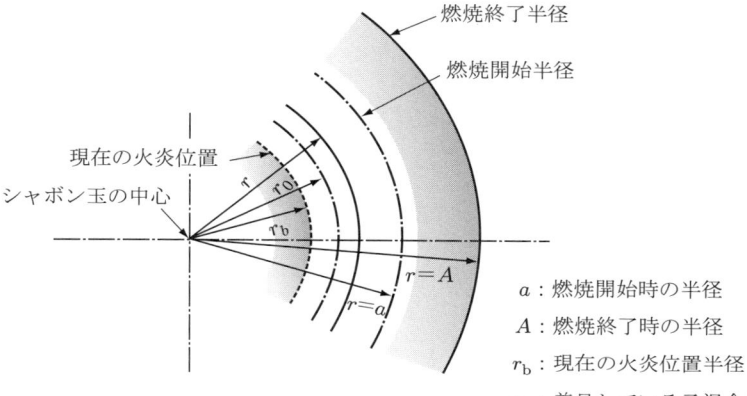

(a) シャボン玉による燃焼速度の計測（考え方）

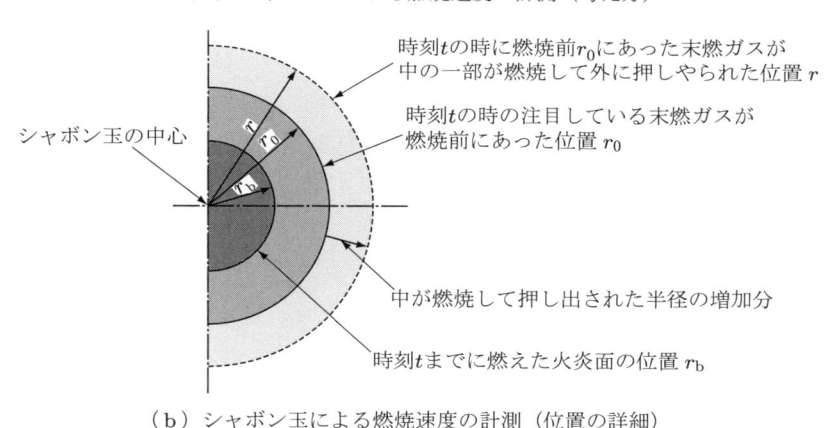

a：燃焼開始時の半径
A：燃焼終了時の半径
r_b：現在の火炎位置半径
r_0：着目している予混合気のあった半径
r：着目している予混合気の半径

時刻tの時に燃焼前r_0にあった未燃ガスが中の一部が燃焼して外に押しやられた位置r

時刻tの時の注目している未燃ガスが燃焼前にあった位置r_0

中が燃焼して押し出された半径の増加分

時刻tまでに燃えた火炎面の位置r_b

(b) シャボン玉による燃焼速度の計測（位置の詳細）

となる．

また，燃焼が完全に終了したときには，シャボン玉の半径はAになっていたとすると，燃焼前の全体の質量と燃焼後の質量は等しいから

$$\frac{4}{3}\pi\rho_u a^3 = \frac{4}{3}\pi\rho_b A^3 \tag{8.10}$$

である．これより

$$\therefore \quad \frac{\rho_b}{\rho_u} = \frac{a^3}{A^3} \tag{8.11}$$

この式 (8.11) の値を f^3 とおく.
式 (8.9) より

$$\rho_b r_b^3 + \rho_u (r^3 - r_b^3) = \rho_u r_0^3 \tag{8.12}$$

$$\frac{\rho_b}{\rho_u} r_b^3 + (r^3 - r_b^3) = r_0^3 \tag{8.13}$$

この式 (8.13) と f の定義を利用して

$$\therefore r^3 = r_0^3 + r_b^3 (1 - f^3) \tag{8.14}$$

これを時間 t で微分すると

$$r^2 \frac{dr}{dt} = r_b^2 (1 - f^3) \frac{dr_b}{dt} \tag{8.15}$$

ここで dr/dt は未燃ガスの移動速度であり,今注目している位置 r_b では $U_{r=r_b}$ であり,dr_b/dt は火炎速度 S_b である.したがって,燃焼速度 S_u は S_b と $U_{r=r_b}$ の相対速度であるから

$$S_u = S_b - U_{r=r_b} \tag{8.16}$$

$$\therefore S_u = S_b - (1 - f^3) S_b = f^3 S_b \tag{8.17}$$

つまり,燃焼を開始するときの半径と燃焼終了時の半径の比である f と,時々刻々の火炎速度 S_b を計測すれば,そのときの燃焼速度を式 (8.17) から求めることができる.時々刻々の燃焼火炎の半径やその移動速度は,高速度写真などによって求める.

問題点としては,シャボン玉から蒸発する水分による湿度の影響,燃料が石鹸膜を透過することによる空燃比の変化の影響などがあるが,これらの影響はいずれも小さい.

■**例題 8.1** 一端が閉じていて,もう一端が開いている断面積 A の太い管がある.閉じている一端から L_s の位置まで予混合気を充填し,閉じている一端から平面で燃焼を開始させる.火炎は点火した面から平面波として進行し,L_e の位置で燃え切った.燃焼中は解放空間のように管の中の圧力は一定であるとして,火炎の進行速度 S_b が計測できた場合の燃焼速度 S_u を求める式を導きなさい.

➡**解答**
図 8.4 に示すように,燃焼を開始する前 ($t=0$) の予混合気の開端方向の位置は L_s である.燃焼前 ($t=0$) に位置 L_0 にあった未燃ガスは,火炎が位置 L_b まで進んだ時刻 t では,点火後の燃焼によって膨張して開端方向に押しやられ,L まで移動したとする.

8.3 球状進行火炎による方法

■図 8.4 管における平面的な燃焼を用いた燃焼速度計測

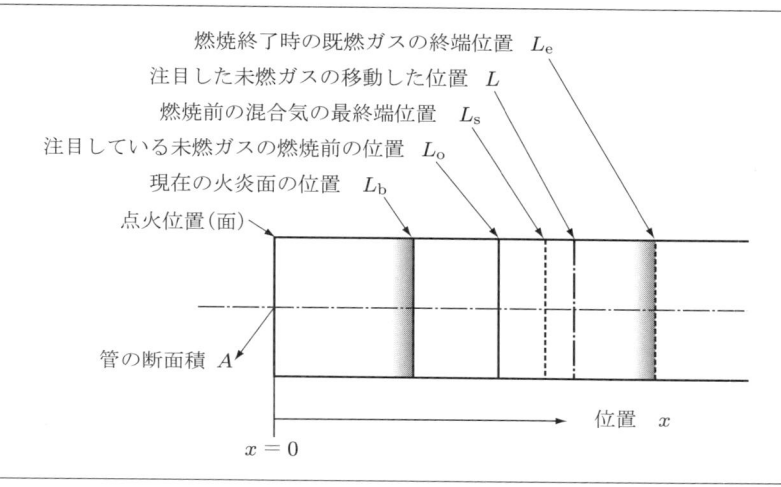

燃焼終了時の既燃ガスの終端位置 L_e
注目した未燃ガスの移動した位置 L
燃焼前の混合気の最終端位置 L_s
注目している未燃ガスの燃焼前の位置 L_0
現在の火炎面の位置 L_b
点火位置（面）
管の断面積 A
位置 x
$x = 0$

　燃焼前に位置 L_0 内にあった未燃ガスの質量 M_0 と，火炎が L_b まで進んだ時の位置 L までの質量は同じである．時刻 t までに燃焼した既燃ガスの質量を M_b，位置 L の内側にある未燃ガスの質量を M_u とする．

　燃焼した部分の質量 M_b は，位置 L_b までの質量であるから，既燃部の密度を ρ_b とすると

$$M_b = A\rho_b L_b \tag{8.18}$$

　位置 L 内の未燃ガスの質量は，位置 L_b から L までの間に存在する質量であるから，未燃部の密度を ρ_u とすると

$$M_u = A\rho_u(L - L_b) \tag{8.19}$$

一方，もともと位置 L_0 までにあった未燃ガスの質量は

$$M_0 = A\rho_u L_0 \tag{8.20}$$

である．

　質量保存の条件から

$$M_0 = M_b + M_u \tag{8.21}$$

であるから，式 (8.21) に式 (8.18)〜(8.20) を代入して

$$A\rho_b L_b + A\rho_u(L - L_b) = A\rho_u L_0 \tag{8.22}$$

となる．これを整理して

$$\left(\frac{\rho_b}{\rho_u} - 1\right)L_b + L = L_0 \tag{8.23}$$

　また，燃焼前の質量と完全に燃焼した後の質量は等しいから

$$A\rho_u L_s = A\rho_b L_e \tag{8.24}$$

である．これより

$$\therefore \quad \frac{\rho_\mathrm{b}}{\rho_\mathrm{u}} = \frac{L_\mathrm{s}}{L_\mathrm{e}} \tag{8.25}$$

この値を g とおく．この g を式 (8.23) に代入して

$$\therefore \quad L = L_0 + L_\mathrm{b}(1-g) \tag{8.26}$$

これを時間 t で微分すると L_0 は定数であるから

$$\frac{dL}{dt} = (1-g)\frac{dL_\mathrm{b}}{dt} \tag{8.27}$$

ここで，dL/dt は未燃ガスの移動速度 U であり，位置 L_b では $U_{\mathrm{L}=L_\mathrm{b}}$ である．また，dL_b/dt は火炎の移動速度（**火炎速度**）S_b である．

燃焼速度 S_u は S_b と $U_{\mathrm{L}=L_\mathrm{b}}$ の相対速度であるから

$$S_\mathrm{u} = S_\mathrm{b} - U_{\mathrm{L}=L_\mathrm{b}} \tag{8.28}$$

$$\therefore \quad S_\mathrm{u} = S_\mathrm{b} - (1-g)S_\mathrm{b} = gS_\mathrm{b} \tag{8.29}$$

この例題の条件を満たすような燃焼実験ができ，予混合気の初期位置と最終の燃焼終了位置および火炎速度 S_b が計測できれば，シャボン玉法と同じように燃焼速度を求めることができる．

8.3.2 球形密閉容器による方法

球形容器の中に予混合気を充てんして，中心で点火し，その後の状態を計測して燃焼速度を求める**密閉容器法**（constant volume combustion method）がある．

燃焼速度の計測は次のような方法で行う．図 8.5(a) に示すように，半径 a の球形容器に予混合気を満たして中心で点火する．ここで，火炎が半径 r_b まで達した時の状態を考える．微小時間 dt の間に火炎が dr_b だけ進んだとすると，この火炎の移動距離は，純粋に燃焼によって拡がる燃焼の進行による半径の増加分 dr_f と，中心部の温度上昇によって膨張したことによる半径の増加分 dr_e の和である．この位置関係を図 8.5(b) に示す．

また，この dt 時間内に圧力は dP だけ増加したとする．

dr_f は燃焼速度 S_u に微小時間 dt をかけたものであるから

$$dr_\mathrm{b} = dr_\mathrm{f} + dr_\mathrm{e} = S_\mathrm{u} \cdot dt + dr_\mathrm{e} \tag{8.30}$$

一定容積の容器なので，燃焼容器の半径 a は変化しないから，火炎位置が r_b のときの未燃ガスの体積 v_u は，全体の容積から半径位置が r_b までの既燃部の容積を引いて求められる．

$$v_\mathrm{u} = \frac{4}{3}\pi(a^3 - r_\mathrm{b}^3) \tag{8.31}$$

dt 時間内の未燃ガスの体積は，その前に $r_\mathrm{b} + dr_\mathrm{b}$ 位置の内側にあった未燃ガスが

8.3 球状進行火炎による方法

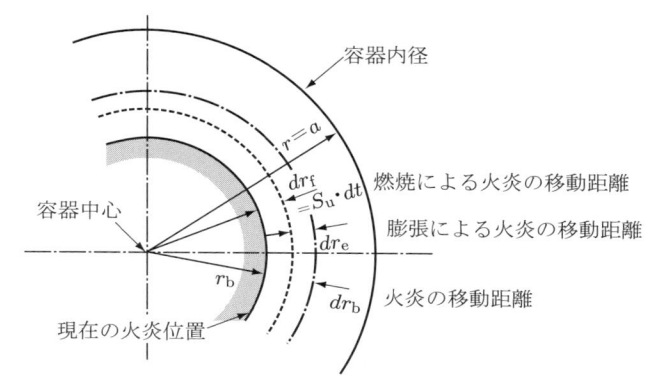

■図 8.5 密閉容器法

（a）球形燃焼容器による燃焼速度の計測（考え方）

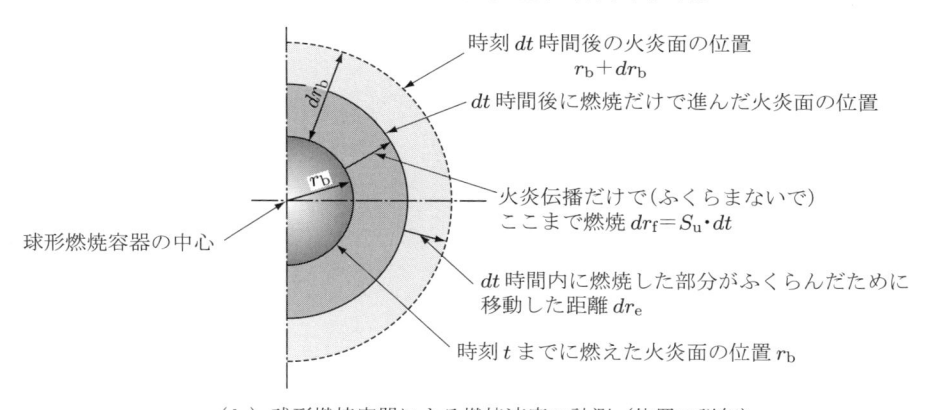

（b）球形燃焼容器による燃焼速度の計測（位置の詳細）

体積膨張分だけ減少したことになるから，半径 r_b の表面積を用いて近似的に $4\pi r_b^2 \cdot dr_e$ だけ減少したことになる．すなわち，未燃ガスの体積変化分 dv_u は

$$dv_u = -4\pi r_b^2 \cdot dr_e \tag{8.32}$$

式（8.30）を変形して dr_e を求めて代入すると

$$dv_u = -4\pi r_b^2 \cdot (dr_b - S_u \cdot dt) \tag{8.33}$$

一方，未燃部分の体積変化は断熱変化であるとすると，比熱比を k として

$$P \cdot v_u^k = \text{const.} \tag{8.34}$$

これを微分して

$$\therefore \quad \frac{dP}{P} = -k\frac{dv_u}{v_u} \tag{8.35}$$

式 (8.31), (8.33) より

$$\frac{dv_{\mathrm{u}}}{v_{\mathrm{u}}} = -\frac{3r_{\mathrm{b}}^2 \cdot (dr_{\mathrm{b}} - S_{\mathrm{u}} \cdot dt)}{a^3 - r_{\mathrm{b}}^3} \tag{8.36}$$

よって，これを式 (8.35) に代入して

$$\frac{dP}{P} = \frac{3kr_{\mathrm{b}}^2 \cdot (dr_{\mathrm{b}} - S_{\mathrm{u}} \cdot dt)}{a^3 - r_{\mathrm{b}}^3} \tag{8.37}$$

これを整理して燃焼速度 S_{u} を求めると

$$\therefore \quad S_{\mathrm{u}} = \frac{dr_{\mathrm{b}}}{dt} - \frac{dP}{dt}\frac{a^3 - r_{\mathrm{b}}^3}{3kr_{\mathrm{b}}P} \tag{8.38}$$

ここで，dr_{b}/dt は火炎の移動速度（火炎速度）であり，たとえば高速度写真などから計測可能である．もちろん，高速度写真の画像から r_{b} もわかる．P および dP/dt は圧力の時間経過を計測して求めることができる．したがって，この式 (8.38) から時々刻々の燃焼速度を求めることができる．

　この計測方法の特徴は，一定の容積の中での燃焼であるため，予混合気の状態量は時々刻々変化する．このことから，予混合気の空燃比が一定である場合のいろいろな圧力，温度における燃焼速度が 1 回の実験から求められることである．

　ただし，圧力も温度も両方が同時に変化するため，特定の求めたい圧力と温度の条件における燃焼速度を求めるのは容易ではない．また，圧力の計測は可能であるが，球形の密閉容器内の火炎伝播の撮影は，手法としてかなり困難であることも，欠点といえる．

8.4　乱流燃焼速度の計測

　乱流火炎の構造は，火炎帯が複雑に曲がっていて，層流火炎に比べて厚く，さらに定常火炎であっても，火炎帯の位置や形が時間的に変動する場合が多い．このような条件では，これまでに述べた層流火炎伝播の場合の燃焼速度の計測をそのまま利用することはできない．

　しかし，燃焼状態を評価するためには，何らかの形で**乱流燃焼速度**を定義する必要があり，便宜的に層流燃焼と同様な定義で乱流燃焼速度を定義する．たとえば，バーナー火炎の傾斜角法を利用して乱流燃焼速度を計測する．乱流燃焼の場合は，図 8.6 に示すように，火炎位置は変動していたり幅があったりするため，正確な定義はできない．そこで，一例として，火炎とみなされる燃焼している領域の幅の中心を取って定義することが行われる．しかし，厳密にいえば，燃焼速度は火炎面に

垂直でなければならないから，この定義は必ずしもこの条件を正確には満たしてはいないことになる．

定容燃焼器でも同様な定義が可能であるが，同じような問題点が残される．一般的にはここで説明したように燃焼速度や火炎面の定義を明確にしておけばよいことになる．

■図 8.6　乱流火炎の例（乱流バーナー火炎）

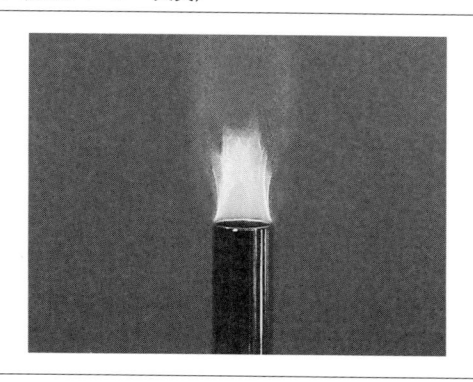

第 8 章　演習問題

1. 燃焼速度の定義を示しなさい．また，これは火炎速度とは異なるか．もし異なるのであればその差違を説明しなさい．
2. バーナーを用いた燃焼速度の計測方法を三種類あげ，その計測原理を簡単に説明しなさい．
3. 燃焼速度が 50 cm/s の混合気を，直径 18 mm のバーナーで燃焼させたところ，きれいな円錐状の火炎ができた．混合気の流入速度を 2 m/s としたとき，バーナー出口からの円錐の頂点の高さを求めなさい．
4. 球状進行火炎を用いた燃焼速度の計測方法を二種類述べ，それぞれに必要なデータが何であるかを述べなさい．
5. シャボン玉を用いた燃焼計測の計測方法で燃焼実験をしたところ，シャボン玉の燃焼前の直径が 80 mm，燃焼終了時の直径が 120 mm であった．火炎の広がる速度が 150 cm/s で一定であったとして燃焼速度を求めなさい．

9 燃焼火炎画像

【乱流燃焼の火炎断面の実例】

> 　燃焼を理解する上で，具体的な火炎のイメージは欠かすことができない．この章では，容器内の層流燃焼や乱流燃焼の火炎伝播の様子の実測写真や，実際のエンジンの中で起こっている燃焼状態を示して，ガス流動や混合気の組成がどのように燃焼に影響するかを理解する．

9.1 燃焼火炎の画像

　燃焼そのものは比較的身近なものであり，ガスライターやコンロの火はよく目にする．しかし，具体的に画像として見る機会はまれであり，燃焼という現象を物理的な面から理解する上で実際の火炎画像を見ておくことは，その概念をつかむためにも非常に重要である．バーナー火炎のような定常燃焼については，これまでの章でいくつかの具体的な画像を示した．この章では主に瞬間的に燃焼する容器内における予混合燃焼やエンジンの中の燃焼について，計測方法や装置の簡単な説明とともに，その実際の**燃焼画像**を紹介する．

9.2 燃焼火炎の撮影方法

火炎の広がり方を画像として撮影する方法は，**直接撮影法**と**間接撮影法**に分けられる．直接撮影法は火炎の発光をそのまま撮影する方法であり，間接撮影法は，燃焼による気体の密度変化を利用する方法と，混合気中に散乱粒子を浮遊させて散乱粒子の密度変化から火炎を撮影する方法がある．

9.2.1 直接撮影法

燃焼は発光を伴う現象であるから，燃焼による発光をカメラなどによってそのまま撮影する方法が**直接撮影法**である．日常，よく利用するカメラで撮影する画像も，火炎のように自らが発光している光ではないが，対象としている人や景色の反射光を直接撮影する方法である．

9.2.2 間接撮影法

燃焼ガスは高温で低密度である．火炎面の両側の未燃部と既燃部には密度差があり，密度の異なる屈折率の違う気体が，隣り合う部分で光が屈折することを利用する方法の一つが**間接撮影法**である．

屈折を利用した間接撮影法の基本的な光学系を図 9.1 に示す．普通は発光部分が小さい点光源に近い放電式の電球（放電管）を光源とし，レンズなどを用いて平行な光を作る．この平行な光を燃焼している火炎部分にあて，密度差のある火炎部分で屈折した光を像として捉える方法である．火炎画像が鮮明になるかどうかは，光の平行度にも依存するので，放電管の光を一度集光させ，小さい穴で不要な光をカットして擬似的な点光源を作り，これを基にして平行光を作る方法が多く利用される．

平行光が燃焼部分を通過して，一部が屈折した光をそのまま撮影するのが**影写真**（シャドウグラフ：shadow graph）である．日常の生活でも，真夏の熱い地面からゆらゆらとした波模様が見えたり，遠くの景色がゆらいで見えるのも，この空気の密度差による屈折の現象を見ていることになる．

燃焼部分を通過した光を一度集光して，集光した点に遮光物（シュリーレンストップ）を置き，屈折した光のみを通過させて撮影するのが**シュリーレン**（schlieren）**法**である．シュリーレン法では火炎の境界が明らかになるが，シュリーレンストップの置き方により，特定方向の密度変化が強調される．また，画像は光の屈折だけを利用するので，一般には明るさだけが変化する明暗の画像（白黒の

画像）である．シュリーレン法ではシュリーレンストップとして数種の色ガラスを用いる方法がある．屈折による曲がり具合によって，たとえば曲がりの少ない部分を青，曲がりの大きい部分を赤というようにすると，密度変化の度合を色で表現することもできる．これは視覚的には光の曲がり具合が色で表現されるので，わかりやすい．

■図9.1　火炎の間接撮影法の光学系（シュリーレン法）

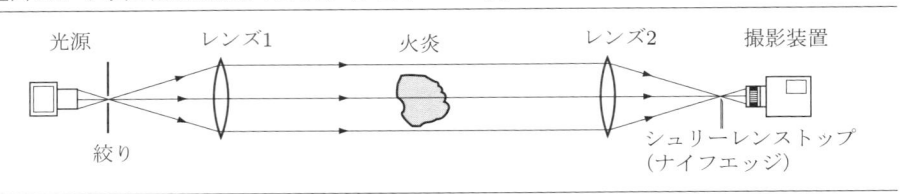

光源　　絞り　　レンズ1　　火炎　　レンズ2　　シュリーレンストップ（ナイフエッジ）　　撮影装置

■例題9.1　身近なものを利用して，影写真を撮影しなさい．何を準備してどのようにすれば撮影できるかも考えなさい．

➡解答　用意するもの：ろうそく，ライター，鏡，カメラ付き携帯電話，白い紙など．
　光源として平行な光を得やすいのは太陽光である．太陽光は太陽に大きさがあるので，完全な平行光ではないが，わざわざ平行な光を自分で作るのは大変なので活用しよう．直射日光が当たる場所では，光の屈折による明暗が見にくいので，太陽光の射し込むベランダに鏡を置いて，室内へほぼ水平な光になるように導く．この光の中にろうそくと，その先に白い紙を垂直に立てる．ろうそくに火を点けない状態では，ろ

■図9.2(a)　ろうそく火炎の影写真

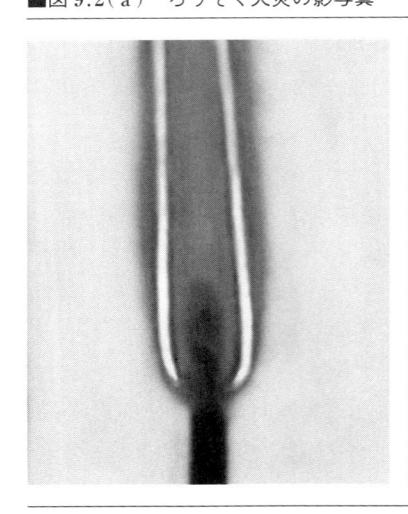

　ほぼ平行光である太陽の光を利用して，ろうそくの火炎の影写真を撮影した．ろうそくの後方に白い紙を置いているが，あまりろうそくと紙の間隔が短いと屈折で曲がる距離が少ないので，明暗ははっきりしない．50cmほど離すとこの写真のように明確になる．ただし，太陽には大きさがあるため，完全な平行光ではないことから，あまりクリアな写真にはならない．これは，たとえば太陽による1本の棒の影もよく見ると濃いところと薄いところがあることからもわかる．
　この写真ではわかりやすいように，明暗を少し強調している．ろうそくそのものの影の輪郭がぼやけているのは，上に説明した理由である．炎の外周にあたる部分が白く抜けて写っている．これは炎そのものではなく，燃焼によって高温になった気体が上昇している様子が写っている．ろうそくの芯も影になっているが，燃焼している部分である炎そのものは，この画像からはほとんどわからない．

■図9.2(b)　ろうそく火炎の影写真

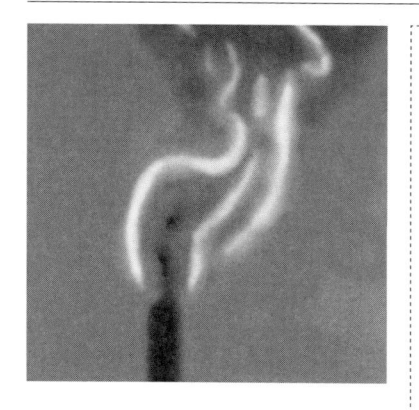

　図9.2(a)と同じようなろうそくの影写真である．図9.2(a)では静止した空気中での燃焼状態で撮影したが，これは意図的にろうそくの周囲にわずかな空気流動を起こした場合である．実際にはそっと息を吹きかけた程度である．燃焼ガスの熱い気体が乱れて白い部分が波打っていることがわかる．ろうそくの下部の火炎のあるあたりは少ししか変化がないが上部はかなり乱れている．火炎そのものは(a)と同じように明確には写らないが，周囲の熱い部分である白い縞模様に大きな変化はないので，炎そのものは大きく変わっていないと推定される．その上の熱いガスが動いていることがわかる．さらに上部にいくと，周囲の温度の低い空気と混ざり合い，温度が下がるので，空気との密度差が少なくなり，白い縞模様はあいまいになっている．また，火炎のろうそくに近い所は温度の高いガスはないので白い模様はない．

うそくの陰が白い紙に写っているだけである．ろうそくに点火すると，火炎そのものはわかりにくいが，その周囲にもやもやした明暗が現れる．ろうそくのまわりの空気を少し吹いてみると，そのゆらぎがもっと明確になる．太陽光は完全な平行光ではないし，正確にいえば普通の鏡は反射面が表と裏にあって，これも画像が鮮明になる妨げとなる．

　図9.2(a)(b)はその例である．(a)は周りの空気が静止している場合のろうそくの火炎の影写真，(b)は周囲の空気にわずかな動きがある場合の影写真である．携帯電話はデジタルカメラの機能もあるので，撮影しておく．友人といろいろなデータを交換してみるのもいい．

9.2.3　火炎断面撮影

　9.2.1，9.2.2項で説明した直接撮影と間接撮影は，基本的には立体的な三次元の火炎を二次元の平面の画像として撮影したものであり，画像の奥行き方向には火炎全体の情報が積算されたものである．つまり，撮影する奥行き方向に凹凸などの変化があっても，それが奥行き方向のどこにあるかは判断できない．燃焼火炎は複雑な形状のものが多く，燃焼している状態を正確に理解するためには，この全体写真とともに，特定の断面の形状が必要な場合がよくある．

　このためにはレーザーシート（laser sheet）法が用いられる．図9.3はレーザーシート法による計測装置の例である．この方法は，空気または混合気の中に気体中で浮遊する微粒子を混ぜておき，計測したい断面に撮影方向に対しては非常に薄いレーザー光（レーザーシート）をあてる．燃焼前には気体の中にほぼ均一に微粒子

が漂っているので，これがレーザーの光を反射して，計測したい部分すべてが明るく白く写る．一方，燃焼を開始すると，燃焼した部分は温度が上がるために未燃焼部分に比べて密度が非常に小さくなる．つまり燃焼した部分の微粒子の密度は非常に低くなる．このため，燃焼した部分では光を反射する粒子が薄くなるため，レーザーの反射光がほとんどなくなる．撮影画像には燃焼部分は写らず黒く撮影され，未燃焼の部分だけが白く写る．このようにして，火炎の特定の一断面が撮影できる．連続した光のレーザーでは，これと高速度撮影装置の組み合わせにより，**火炎断面**の広がりが観察できる．パルス発光のレーザーでも点火から計測したい時期を指定して，レーザーを発光させて撮影すると，その瞬間の火炎断面の画像が得られる．

■図9.3 レーザーシート法の計測装置

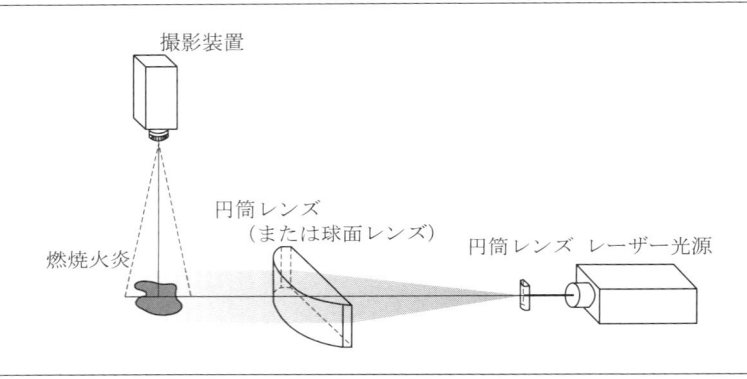

9.2.4 撮影装置

定常火炎で時間的に細かい変化の記録が必要ではない場合は，普通のフィルムカメラやデジタルカメラ，テレビカメラがそのまま利用できる．

燃焼容器の中やエンジンの中で起こる燃焼は非定常で，定常的なガスライターの火炎とは異なり，燃焼している位置が時々刻々変化する．したがって，撮影方法もそれに対応する必要がある．非定常現象の連続的な記録方法としては，従来から**高速度カメラ**が多く利用されており，容器内の燃焼に有効利用できる．

燃焼火炎の発光そのものを撮影する直接撮影法は，拡散火炎のように燃焼によって発光した火炎が明るいものは撮影しやすいが，予混合火炎のように，青色の火炎は写りにくい．火炎の燃焼自体の光量が不足する場合は，燃料中に微量の金属化合物を混入して，炎色反応を利用して火炎の発光輝度を増加させる方法もある．

時間的に変化する火炎の撮影装置としては，近年は高速度のテレビカメラが多く

利用されるようになってきた．従来のフィルムを利用した高速度カメラは毎秒6 000コマ以上のものもあるが，機械的に非常に速くフィルムを送る必要があるために，毎秒の撮影コマ数には限界があること，また高速用のカメラでは，フィルムそのものの幅が狭く，撮影できる画像が小さいという問題もあった．近年のテレビカメラは，1秒間に数千コマ以上の高速現象まで撮影できるものも開発され，利用されている．また，**光増幅器**（イメージインテンシファイア）を追加することにより，暗い火炎も撮影することができる．

　テレビカメラの映像は電気信号であるため，記録や再生に有利であること，記録した後の画像処理がしやすいことなど利点が多い．今後も低価格のものが供給されれば，燃焼研究に大いに活用できる装置になる．

9.3　容器内の層流燃焼の画像

　バーナー火炎のような定常火炎は見る機会があるので，この節では容器内で燃焼する**非定常火炎**を取り上げる．容器内に静止した混合気を充てんして点火すると，層流燃焼が観察できる．

9.3.1　層流火炎（1）

　第2章で基本的な層流火炎の伝播機構を説明した．実際の燃焼はどのようにして行われるのであろうか．

　図9.4は，一定の容積の中で予混合気を燃焼させた場合の火炎を，シュリーレン法によって撮影した燃焼写真である．写真の右側の数字は点火した後の時間経過を表しており，単位はmsである．計測システムの概略を図9.5に，実験条件を表9.1に示す．

　シュリーレン撮影のため，密度差の大きい火炎面が強調されている．直方体の容器の一端，この場合は左側の容器壁面の中央に点火電極を設けて燃焼を開始させた．燃焼開始直後は，点火電極からほぼ球状に火炎が拡がっていく様子がわかる．映像は二次元なので，同心円状に拡がっていく映像となる．

　火炎が上下の壁に当たると，その後はほぼ球面の一部の形として火炎が進行する．ただし，上下の壁面付近にもまだ燃焼が完結していないと思われる部分がしばらく存在する．

　火炎が燃焼の終端に近づくと，火炎面はそれまでの層流火炎的な平滑な面ではなくなり，複雑な形状となる．これは燃焼波が対向した壁で反射してきた圧力波に影

132 9章 燃焼火炎画像

■図9.4 容器内の層流火炎伝播のシュリーレン写真：理論混合比

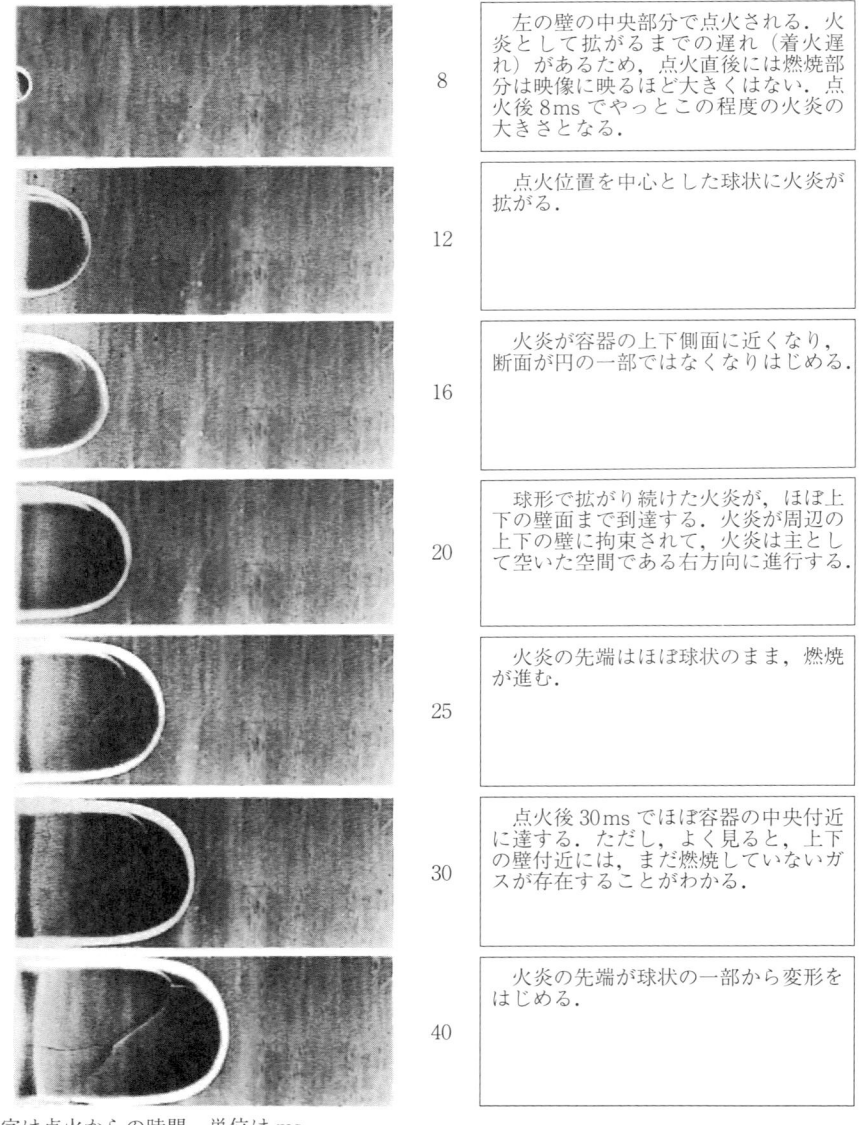

時間 (ms)	説明
8	左の壁の中央部分で点火される．火炎として拡がるまでの遅れ（着火遅れ）があるため，点火直後には燃焼部分は映像に映るほど大きくはない．点火後8msでやっとこの程度の火炎の大きさとなる．
12	点火位置を中心とした球状に火炎が拡がる．
16	火炎が容器の上下側面に近くなり，断面が円の一部ではなくなりはじめる．
20	球形で拡がり続けた火炎が，ほぼ上下の壁面まで到達する．火炎が周辺の上下の壁に拘束されて，火炎は主として空いた空間である右方向に進行する．
25	火炎の先端はほぼ球状のまま，燃焼が進む．
30	点火後30msでほぼ容器の中央付近に達する．ただし，よく見ると，上下の壁付近には，まだ燃焼していないガスが存在することがわかる．
40	火炎の先端が球状の一部から変形をはじめる．

数字は点火からの時間，単位はms
（燃焼は左端の面の中央で点火により開始し，右に火炎伝播していく．）

9.3 容器内の層流燃焼の画像　133

■図9.4　容器内の層流火炎伝播のシュリーレン写真：理論混合比（続き）

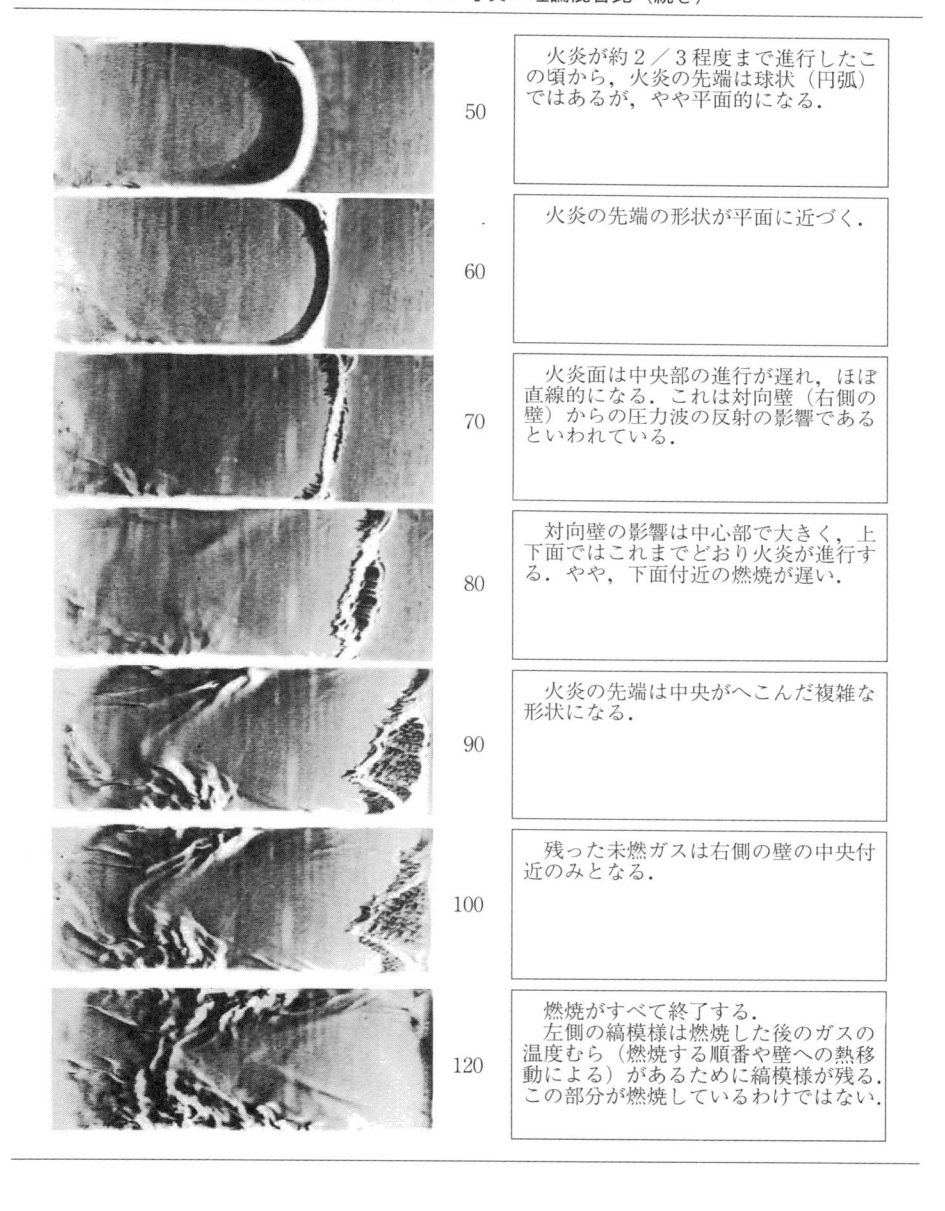

時刻	説明
50	火炎が約2／3程度まで進行したこの頃から，火炎の先端は球状（円弧）ではあるが，やや平面的になる．
60	火炎の先端の形状が平面に近づく．
70	火炎面は中央部の進行が遅れ，ほぼ直線的になる．これは対向壁（右側の壁）からの圧力波の反射の影響であるといわれている．
80	対向壁の影響は中心部で大きく，上下面ではこれまでどおり火炎が進行する．やや，下面付近の燃焼が遅い．
90	火炎の先端は中央がへこんだ複雑な形状になる．
100	残った未燃ガスは右側の壁の中央付近のみとなる．
120	燃焼がすべて終了する．左側の縞模様は燃焼した後のガスの温度むら（燃焼する順番や壁への熱移動による）があるために縞模様が残る．この部分が燃焼しているわけではない．

■図9.5 定容容器燃焼撮影装置（シュリーレン法）

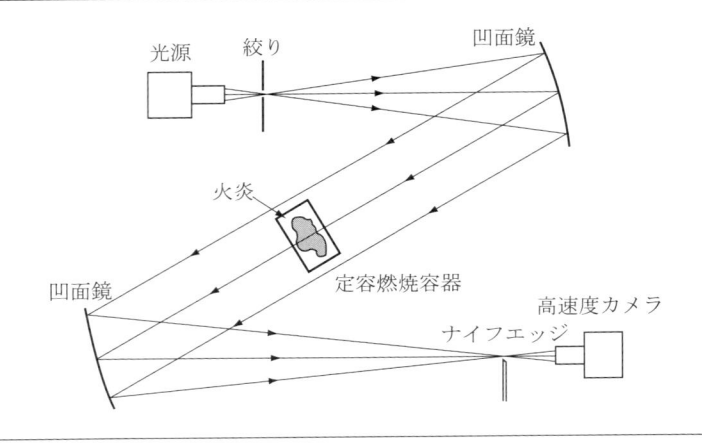

表9.1 定容内層流燃焼実験条件

容器寸法		$60 \times 60 \times 140$ mm
混合気	燃料	プロパン
	酸化剤	（1）$N_2 + O_2$（空気相当組成） （2）$N_2 + O_2$（空気相当組成）＋ 20 % N_2
	当量比	$\phi = 1.0$（理論混合比）
初期条件	圧力	0.1 MPa
	温度	290 K
撮影条件	撮影方法	シュリーレン法（ナイフエッジ使用）
	光学系レンズ焦点距離	1 950 mm　および　2 990 mm
	光源	500 W　超高圧水銀灯，ϕ 2 mm アイリス使用
	撮影装置	高速度カメラ
	撮影フィルム	16 mm　ISO 400
	撮影速度	毎秒3 000 ～ 4 000コマ

響されるためと推定される．この実験の場合では，約140 mmの空間を120 msで燃焼しつくす．燃焼終了後は火炎は存在しないが，燃焼した後のガス（既燃ガス）に温度むらがあるため，撮影画像にはこの後も長い間，縞模様が残る．

9.3.2　層流燃焼(2)

図9.6は，容器の寸法や撮影方法は図9.4と同じであるが，予混合気の成分が異なった場合である．

先の予混合気は表9.1に示したように理論混合比のガスであるが，図9.6の実験

9.3 容器内の層流燃焼の画像　*135*

■図9.6　容器内の層流火炎伝播のシュリーレン写真：不活性気体の混入

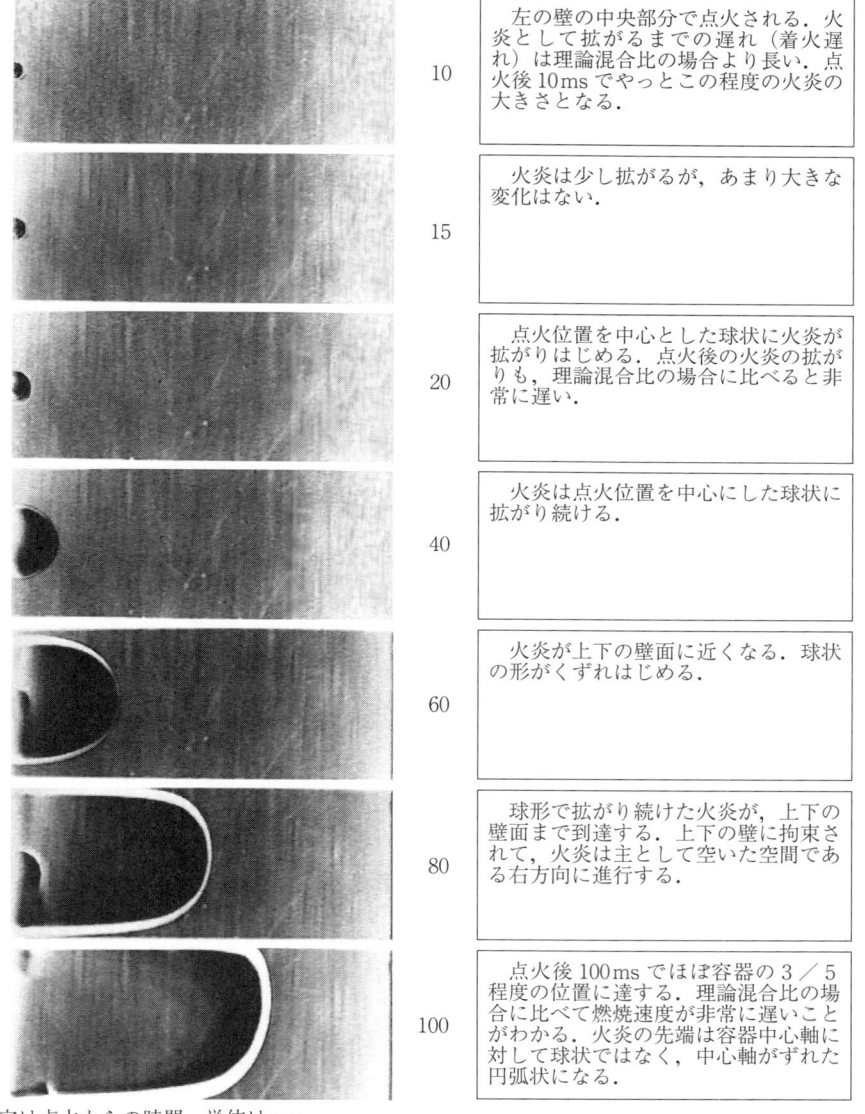

時間	説明
10	左の壁の中央部分で点火される．火炎として拡がるまでの遅れ（着火遅れ）は理論混合比の場合より長い．点火後10msでやっとこの程度の火炎の大きさとなる．
15	火炎は少し拡がるが，あまり大きな変化はない．
20	点火位置を中心とした球状に火炎が拡がりはじめる．点火後の火炎の拡がりも，理論混合比の場合に比べると非常に遅い．
40	火炎は点火位置を中心にした球状に拡がり続ける．
60	火炎が上下の壁面に近くなる．球状の形がくずれはじめる．
80	球形で拡がり続けた火炎が，上下の壁面まで到達する．上下の壁に拘束されて，火炎は主として空いた空間である右方向に進行する．
100	点火後100msでほぼ容器の3／5程度の位置に達する．理論混合比の場合に比べて燃焼速度が非常に遅いことがわかる．火炎の先端は容器中心軸に対して球状ではなく，中心軸がずれた円弧状になる．

数字は点火からの時間，単位はms
（燃焼は左端の面の中央で点火により開始し，右に火炎伝播していく）

■図9.6 容器内の層流火炎伝播のシュリーレン写真：不活性気体の混入（続き）

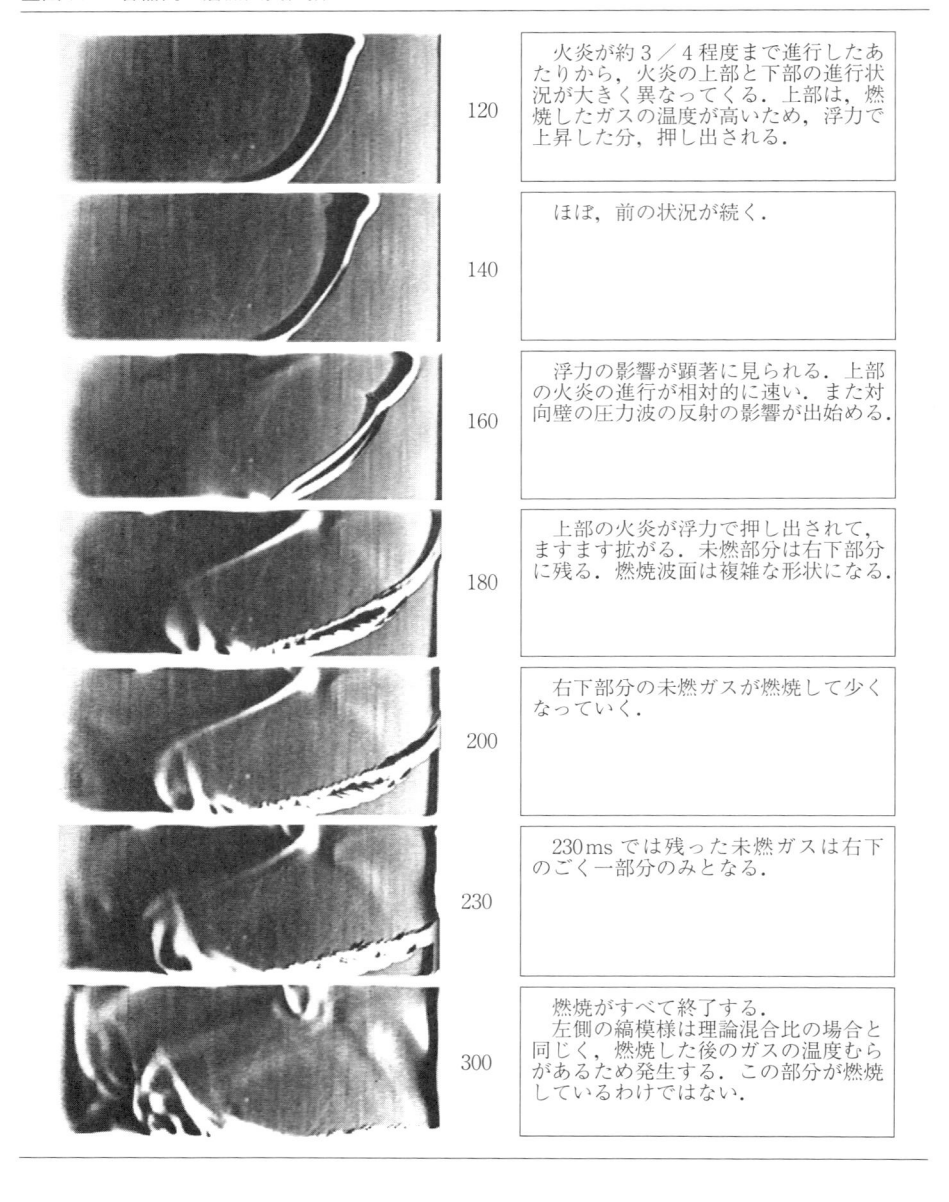

120	火炎が約3／4程度まで進行したあたりから，火炎の上部と下部の進行状況が大きく異なってくる．上部は，燃焼したガスの温度が高いため，浮力で上昇した分，押し出される．
140	ほぼ，前の状況が続く．
160	浮力の影響が顕著に見られる．上部の火炎の進行が相対的に速い．また対向壁の圧力波の反射の影響が出始める．
180	上部の火炎が浮力で押し出されて，ますます拡がる．未燃部分は右下部分に残る．燃焼波面は複雑な形状になる．
200	右下部分の未燃ガスが燃焼して少なくなっていく．
230	230msでは残った未燃ガスは右下のごく一部分のみとなる．
300	燃焼がすべて終了する．左側の縞模様は理論混合比の場合と同じく，燃焼した後のガスの温度むらがあるため発生する．この部分が燃焼しているわけではない．

では理論混合比のガスに不活性な窒素（N_2）を 20％添加したものを使用している．燃焼ガス中の窒素酸化物の低減対策として，燃焼ガスの温度を下げる場合に，このような不活性な気体を入れて燃焼させることがある．

図 9.6 の場合は燃焼速度が遅くなるために，燃焼の後半で火炎の前面は球面状ではなく，容器上側での火炎が下側に比べて早く進行する．上下の火炎の拡がり方が異なる傾向は燃焼の最後までひきずられている．図 9.4 の理論混合比の燃焼では，最終的な燃焼部分はほぼ右側面であるが，図 9.6 の場合は容器下面の右下部分である．このような燃え方をする主な原因は，燃焼速度が遅いために，燃焼した部分の温度の高いガスが密度差によって容器の上部に上がり，容器上部の燃焼火炎面が押し出されて変形するためである．燃焼の最終部分付近では，図 9.4 の燃焼の場合と同じように対向壁の影響がみられる．

燃焼時間は理論混合気の燃焼の場合よりはるかに長く，約 300 ms かかっている．

9.4 噴流を伴う容器内の乱流燃焼

燃焼を開始させる一般的な方法は，その制御のしやすさなどから火花点火が多い．一方，エネルギーの高い活性化されたガスによって燃焼を開始させる方法もあり，とくに燃焼しにくい混合気の点火には有効である．

図 9.8〜9.10 に示す燃焼写真はシュリーレン法で撮影されたものであるが，燃焼の開始は図 9.7 に示した燃焼容器の上部に取り付けられた小さな副燃焼容器（副燃焼室，副室）内で開始される．映像はいずれも主な燃焼が起こる主燃焼容器（主燃焼室，主室）内のものである．

■図 9.7　副燃焼室付き燃焼容器の概略

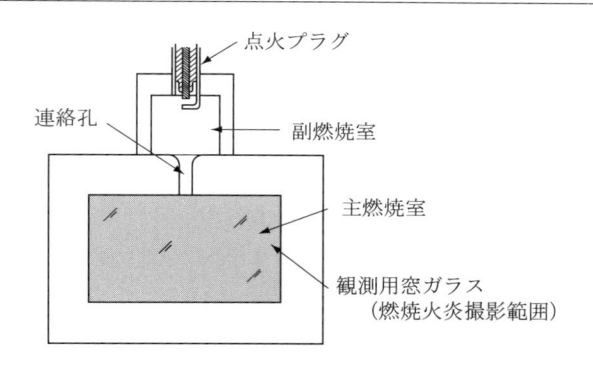

撮影方法は図9.5と同じであり，実験条件は表9.2のとおりである．

燃焼実験の主なパラメーターは，上の副燃焼室と下の主燃焼室とをつなぐ連絡孔の直径を三種類変えたことである．

表9.2 副室付き燃焼容器実験条件

容器寸法	主室 副室 連絡孔径	$80 \times 80 \times 140$ mm $\phi 40 \times 50$ mm $\phi 7$, $\phi 10$, $\phi 14$ mm
混合気	燃料 酸化剤 当量比	プロパン $N_2 + O_2$（空気相当成分） $\phi = 0.99$
初期条件	圧力 温度	0.16 MPa 295 K
撮影条件	撮影方法 光学系レンズ焦点距離 光源 撮影装置 使用フィルム 撮影速度	シュリーレン法（ナイフエッジ使用） 1 950 mm および 2 990 mm 500 W 超高圧水銀灯，$\phi 2$ mm アイリス使用 高速度カメラ ISO 400 16 mm 毎秒3 000 〜 4 000コマ

9.4.1 連絡孔径7mmの場合

図9.8に示すように，点火から8ms程度後で，副燃焼室で燃焼したガスと未燃の混合気が，混ざりながら細い連絡孔から高温の気体として主燃焼室に噴出する．シュリーレン像では密度差のある部分が強調されるので，出ている噴流が燃焼火炎のように見えるが，よく観察すると，噴流の部分は高温ガスが混合している気体であり，初めに出ているガスはまだ火炎ではない．噴流が主燃焼室内にほとんど行き渡った21msあたりで，噴出孔付近に，少しひだの少ない塊が見られる．この塊が主燃焼室での燃焼の開始時期である．主燃焼室で燃焼が開始された後は，燃焼開始前に主燃焼室内が噴流でかき乱されているため，燃焼は非常に急激であることが画像からもわかる．

9.4.2 連絡孔径10mmの場合

図9.9は連絡孔径が前よりやや大きい10mmの場合の燃焼写真である．点火から7ms程度で，副燃焼室からガスが出てくるのは上と同じであるが，主燃焼室での燃焼は，主燃焼室に噴流が出た時期から始まっている．その後，噴流の噴出とも重なって燃焼が活発に行われている．

9.4 噴流を伴う容器内の乱流燃焼　**139**

■図 9.8　副室付き燃焼容器の主燃焼室の燃焼：連絡孔径 7mm

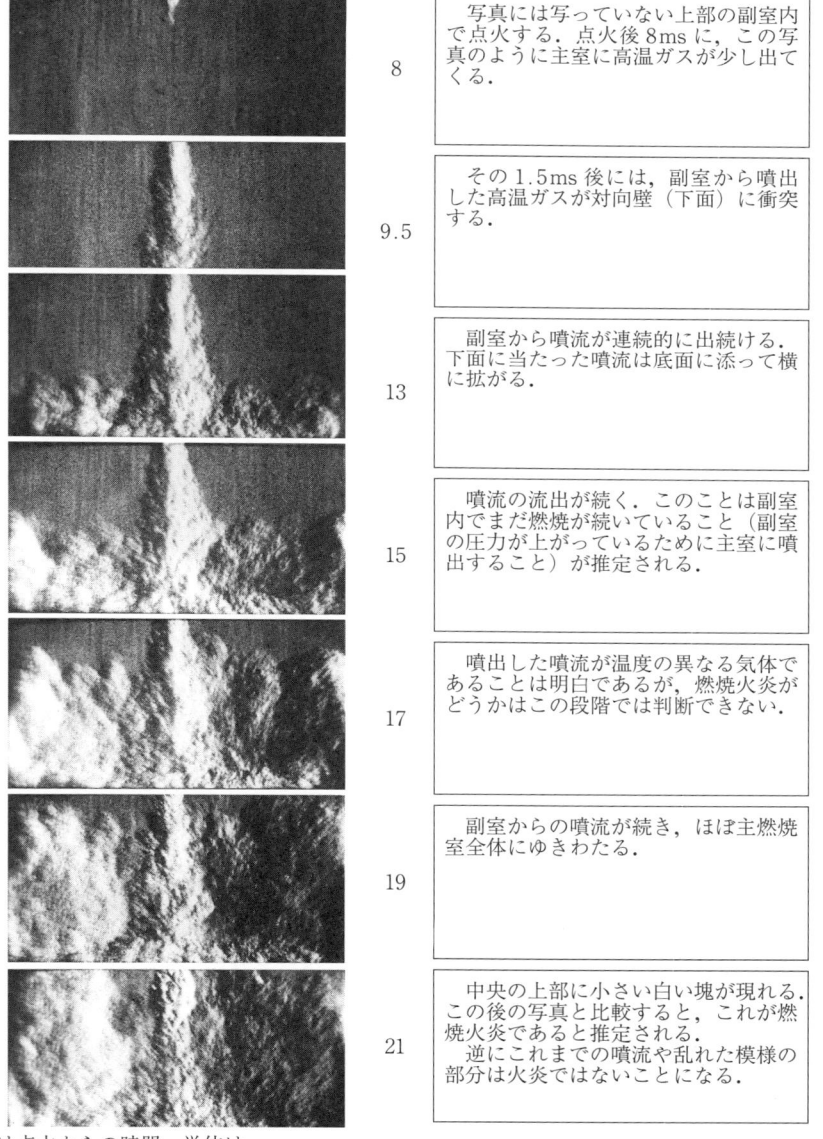

時間 (ms)	説明
8	写真には写っていない上部の副室内で点火する．点火後 8ms に，この写真のように主室に高温ガスが少し出てくる．
9.5	その 1.5ms 後には，副室から噴出した高温ガスが対向壁（下面）に衝突する．
13	副室から噴流が連続的に出続ける．下面に当たった噴流は底面に添って横に拡がる．
15	噴流の流出が続く．このことは副室内でまだ燃焼が続いていること（副室の圧力が上がっているために主室に噴出すること）が推定される．
17	噴出した噴流が温度の異なる気体であることは明白であるが，燃焼火炎がどうかはこの段階では判断できない．
19	副室からの噴流が続き，ほぼ主燃焼室全体にゆきわたる．
21	中央の上部に小さい白い塊が現れる．この後の写真と比較すると，これが燃焼火炎であると推定される．逆にこれまでの噴流や乱れた模様の部分は火炎ではないことになる．

数字は点火からの時間．単位は ms．

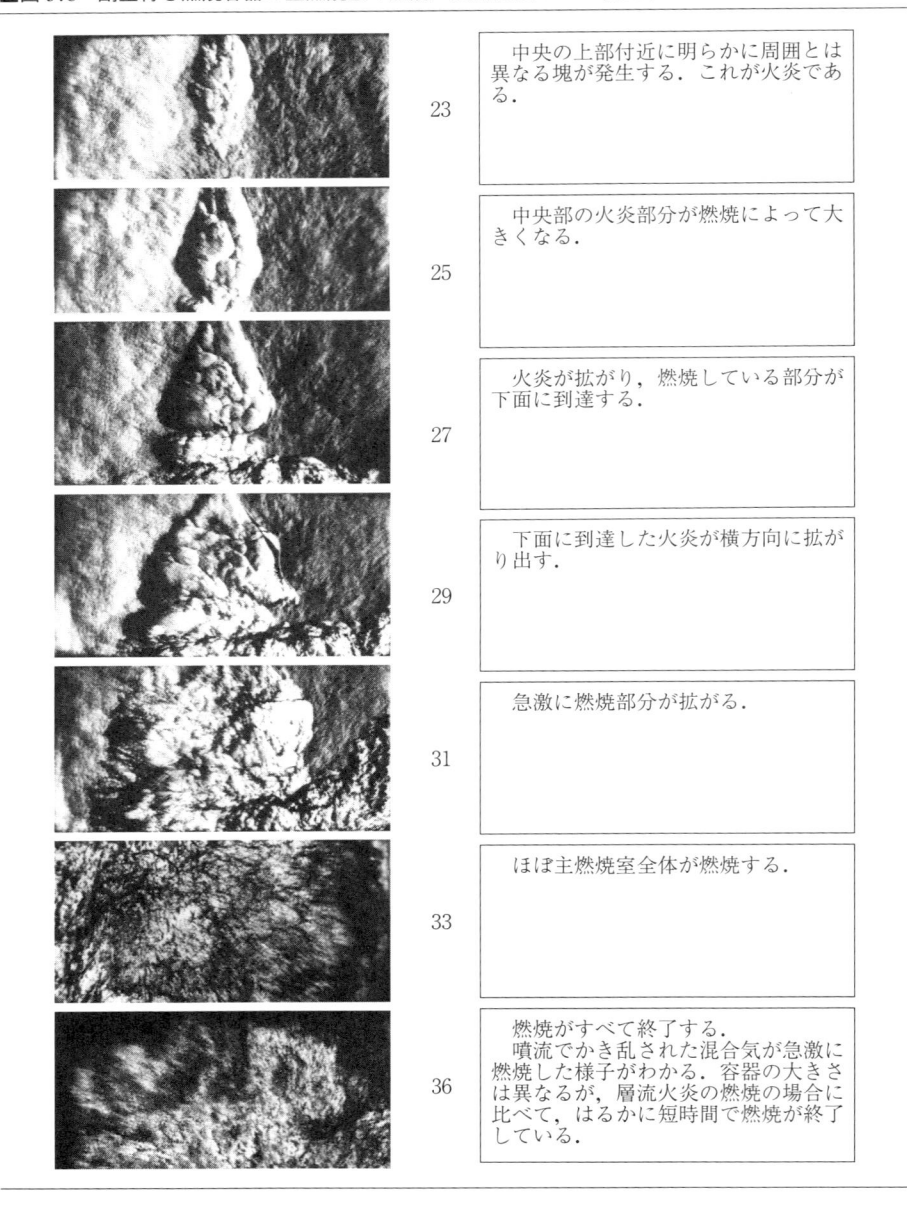

■図 9.8 副室付き燃焼容器の主燃焼室の燃焼：連絡孔径 7 mm（続き）

コマ	説明
23	中央の上部付近に明らかに周囲とは異なる塊が発生する．これが火炎である．
25	中央部の火炎部分が燃焼によって大きくなる．
27	火炎が拡がり，燃焼している部分が下面に到達する．
29	下面に到達した火炎が横方向に拡がり出す．
31	急激に燃焼部分が拡がる．
33	ほぼ主燃焼室全体が燃焼する．
36	燃焼がすべて終了する． 　噴流でかき乱された混合気が急激に燃焼した様子がわかる．容器の大きさは異なるが，層流火炎の燃焼の場合に比べて，はるかに短時間で燃焼が終了している．

9.4 噴流を伴う容器内の乱流燃焼　141

■図 9.9　副室付き燃焼容器の主燃焼室の燃焼：連絡孔径 10mm

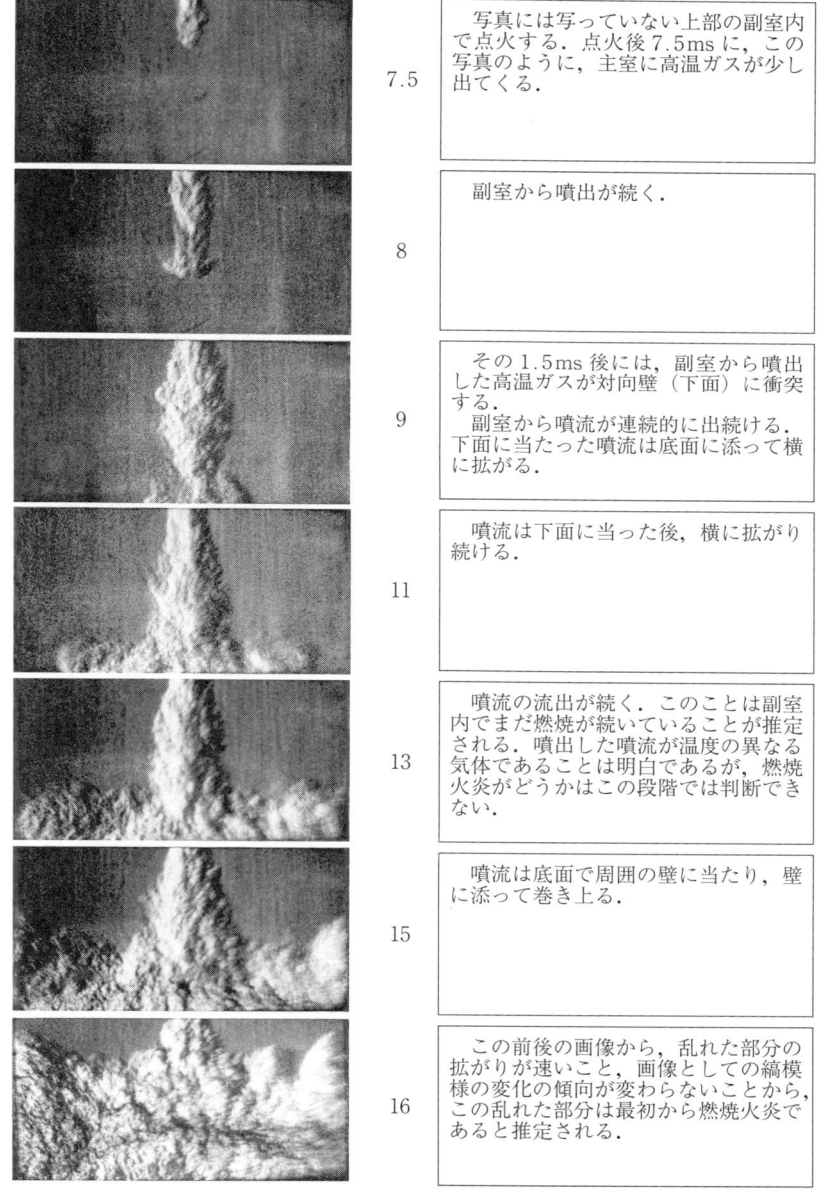

時間 (ms)	説明
7.5	写真には写っていない上部の副室内で点火する．点火後 7.5ms に，この写真のように，主室に高温ガスが少し出てくる．
8	副室から噴出が続く．
9	その 1.5ms 後には，副室から噴出した高温ガスが対向壁（下面）に衝突する． 副室から噴流が連続的に出続ける．下面に当たった噴流は底面に添って横に拡がる．
11	噴流は下面に当った後，横に拡がり続ける．
13	噴流の流出が続く．このことは副室内でまだ燃焼が続いていることが推定される．噴出した噴流が温度の異なる気体であることは明白であるが，燃焼火炎がどうかはこの段階では判断できない．
15	噴流は底面で周囲の壁に当たり，壁に添って巻き上る．
16	この前後の画像から，乱れた部分の拡がりが速いこと，画像としての縞模様の変化の傾向が変わらないことから，この乱れた部分は最初から燃焼火炎であると推定される．

数字は点火からの時間．単位は ms．

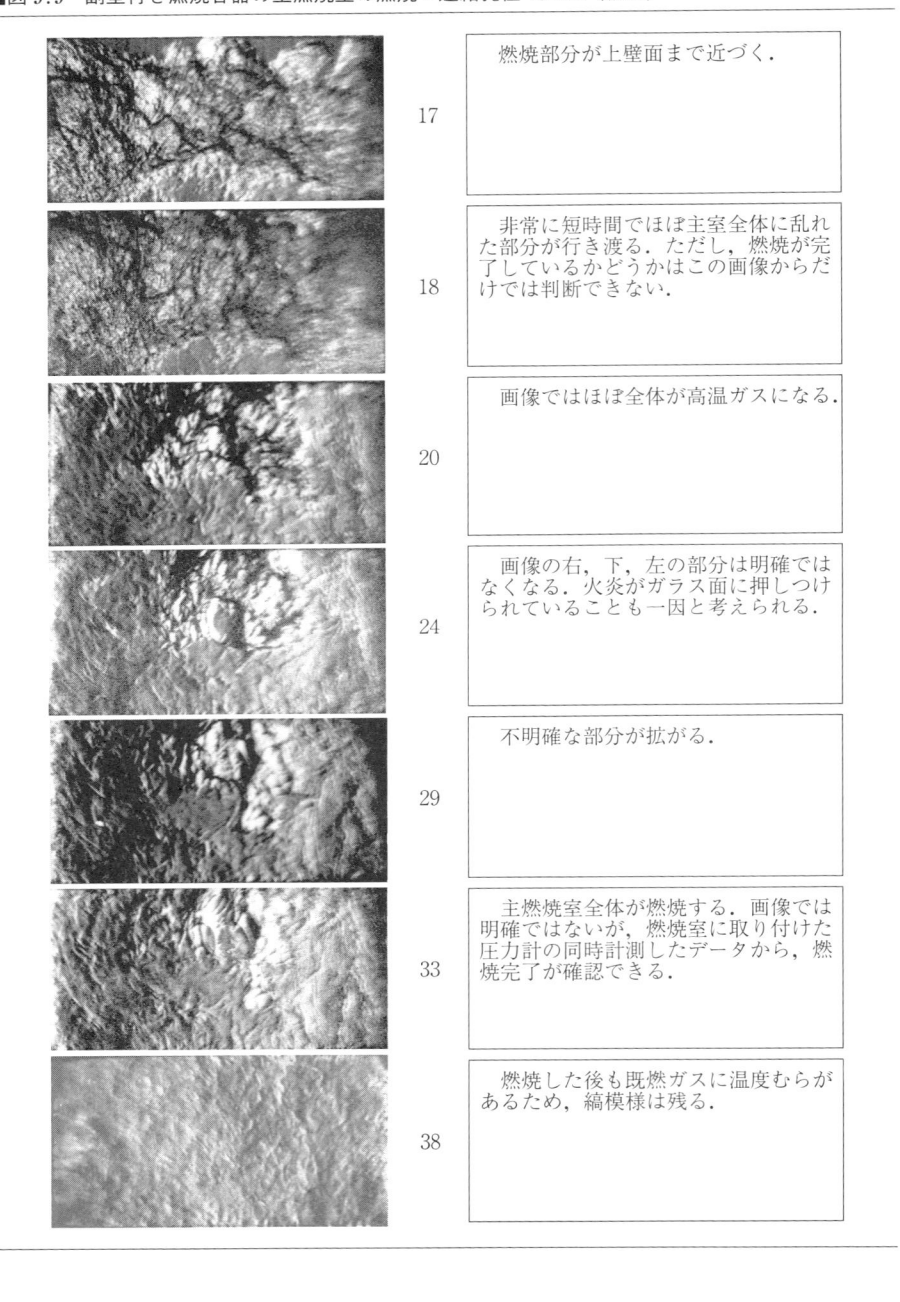

■図 9.9　副室付き燃焼容器の主燃焼室の燃焼：連絡孔径 10 mm（続き）

	17	燃焼部分が上壁面まで近づく．
	18	非常に短時間でほぼ主室全体に乱れた部分が行き渡る．ただし，燃焼が完了しているかどうかはこの画像からだけでは判断できない．
	20	画像ではほぼ全体が高温ガスになる．
	24	画像の右，下，左の部分は明確ではなくなる．火炎がガラス面に押しつけられていることも一因と考えられる．
	29	不明確な部分が拡がる．
	33	主燃焼室全体が燃焼する．画像では明確ではないが，燃焼室に取り付けた圧力計の同時計測したデータから，燃焼完了が確認できる．
	38	燃焼した後も既燃ガスに温度むらがあるため，縞模様は残る．

9.4 噴流を伴う容器内の乱流燃焼　*143*

■図 9.10　副室付き燃焼容器の主燃焼室の燃焼：連絡孔径 14mm

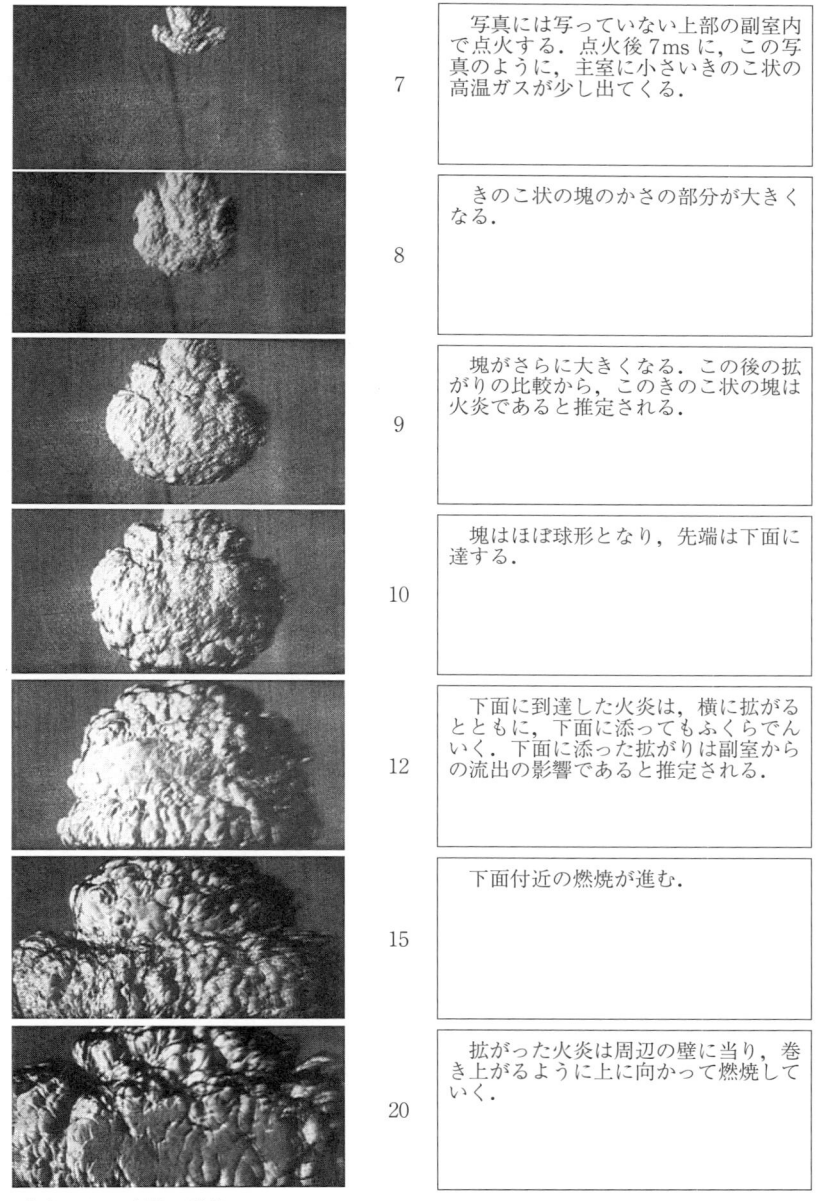

時間 (ms)	説明
7	写真には写っていない上部の副室内で点火する．点火後 7ms に，この写真のように，主室に小さいきのこ状の高温ガスが少し出てくる．
8	きのこ状の塊のかさの部分が大きくなる．
9	塊がさらに大きくなる．この後の拡がりの比較から，このきのこ状の塊は火炎であると推定される．
10	塊はほぼ球形となり，先端は下面に達する．
12	下面に到達した火炎は，横に拡がるとともに，下面に添ってもふくらんでいく．下面に添った拡がりは副室からの流出の影響であると推定される．
15	下面付近の燃焼が進む．
20	拡がった火炎は周辺の壁に当り，巻き上がるように上に向かって燃焼していく．

数字は点火からの時間．単位は ms．

■図9.10 副室付き燃焼容器の主燃焼室の燃焼：連絡孔径14mm（続き）

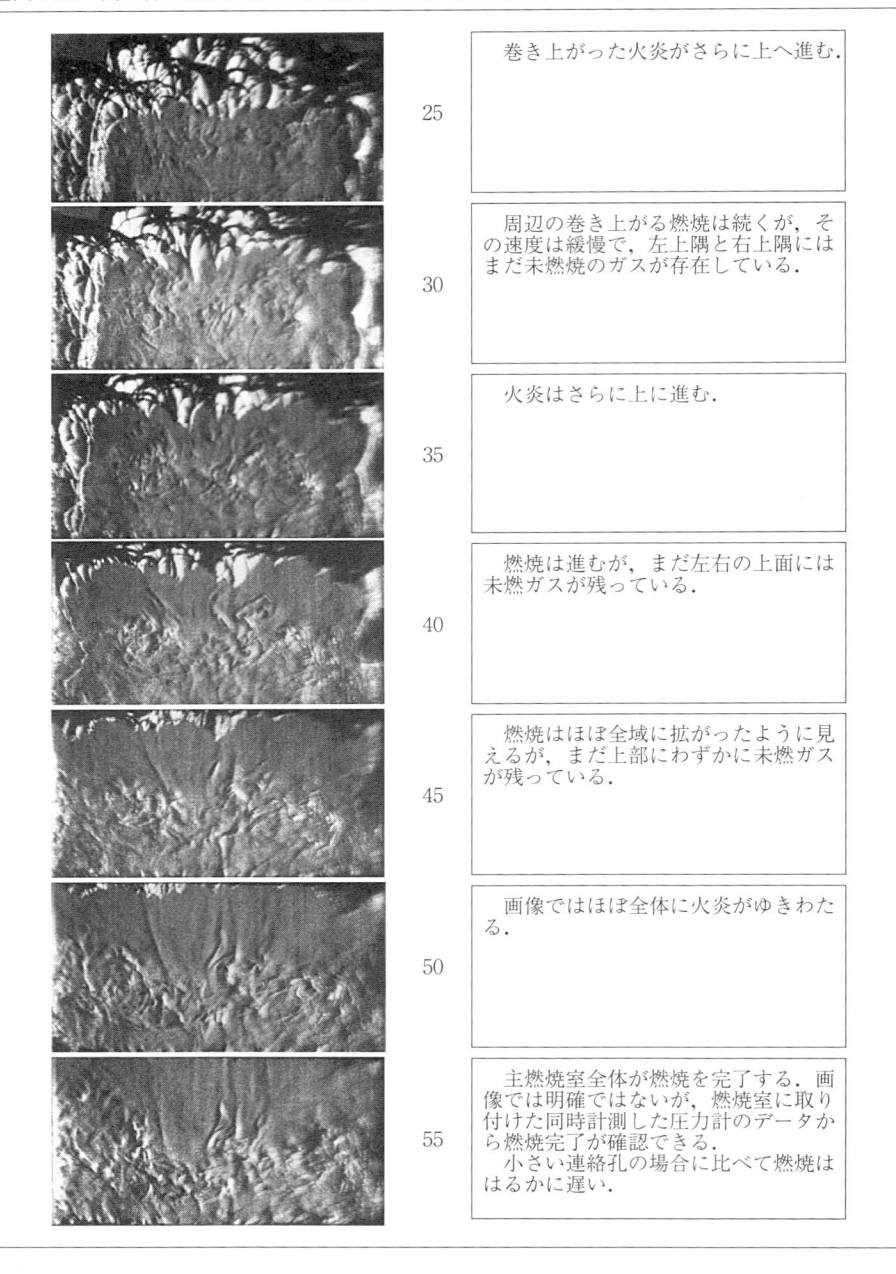

	25	巻き上がった火炎がさらに上へ進む．
	30	周辺の巻き上がる燃焼は続くが，その速度は緩慢で，左上隅と右上隅にはまだ未燃焼のガスが存在している．
	35	火炎はさらに上に進む．
	40	燃焼は進むが，まだ左右の上面には未燃ガスが残っている．
	45	燃焼はほぼ全域に拡がったように見えるが，まだ上部にわずかに未燃ガスが残っている．
	50	画像ではほぼ全体に火炎がゆきわたる．
	55	主燃焼室全体が燃焼を完了する．画像では明確ではないが，燃焼室に取り付けた同時計測した圧力計のデータから燃焼完了が確認できる． 　小さい連絡孔の場合に比べて燃焼ははるかに遅い．

9.4.3 連絡孔径 14 mm の場合

主燃焼室に噴流が現れる時期はほかの条件と大差ないが，連絡孔が大きいために噴流の速度が遅くなり，燃焼しながらキノコ状に火炎が拡がっていく．点火後 50 ms 程度経っても，主燃焼室の容器上面にはまだ未燃焼のガスが残っている．この場合の噴流による燃焼の加速効果は非常に少なく，全体の燃焼終了時期も遅い結果となっている．燃焼写真を図 9.10 に示す．

9.4.4 乱れを伴う燃焼容器内の燃焼の断面画像

燃焼とガス流動は密接な関係がある．

図 9.11 は，乱れを発生できる容器内で燃焼させた場合の，レーザーシート法によって撮影した燃焼火炎の断面の画像である．この画像撮影方法は図 9.3 にその概略を示したように，予混合気の中に細かい浮遊粒子を入れて燃焼させる．撮影したい時期に，非常に薄いシート状のレーザーを短時間，燃焼部分にあてる．燃焼部分は温度が上がることによって密度が下がるので，浮遊粒子も非常に少なくなり，レーザーの反射光がなくなる．つまり画像には既燃部分が暗く写る．

図 9.11(a) は，容器内の予混合気を静止させた状態で中心で燃焼を開始させた場合で，火炎が球状に拡がっていくことがわかる．左が全体画像，右がその一部を拡大撮影した画像である．中央部の水平な細い白線 2 本は点火電極である．

図 9.11(b) は，容器内に乱れを発生させた場合の燃焼で，火炎面の凹凸が非常に複雑であることがわかる．同時撮影した拡大画像においても，非常に細い未燃部分（白い部分）がある．連続撮影ではないのでわからないが，この部分がどのように燃焼していくのであろうか．

なお，大きな既燃部分の黒い領域の周囲に細かい黒い領域があるが，これが大きな火炎から引きちぎられた火炎なのか，または，観察面以外の火炎の一部分が，たまたま回り込んで見えているのかは判断できない．

いずれにしても乱れのある場での燃焼は，このように非常に複雑な形状になる．

9.5 エンジン内の燃焼

エンジン内の燃焼は一般には直接観察することはできない．ここではエンジンの上部にガラス窓を設置した特殊な試験用エンジンを用い，図 9.12 に示すような反射式のシュリーレン法で高速度撮影した結果を示す．エンジン実験の実験条件を表 9.3 に示す．

■図 9.11　容器内層流燃焼，乱流燃焼の火炎断面

拡大

点火電極

（a）　容器内層流燃焼の火炎の断面

拡大

既燃部分　未燃部分

（b）　容器内乱流燃焼の火炎断面

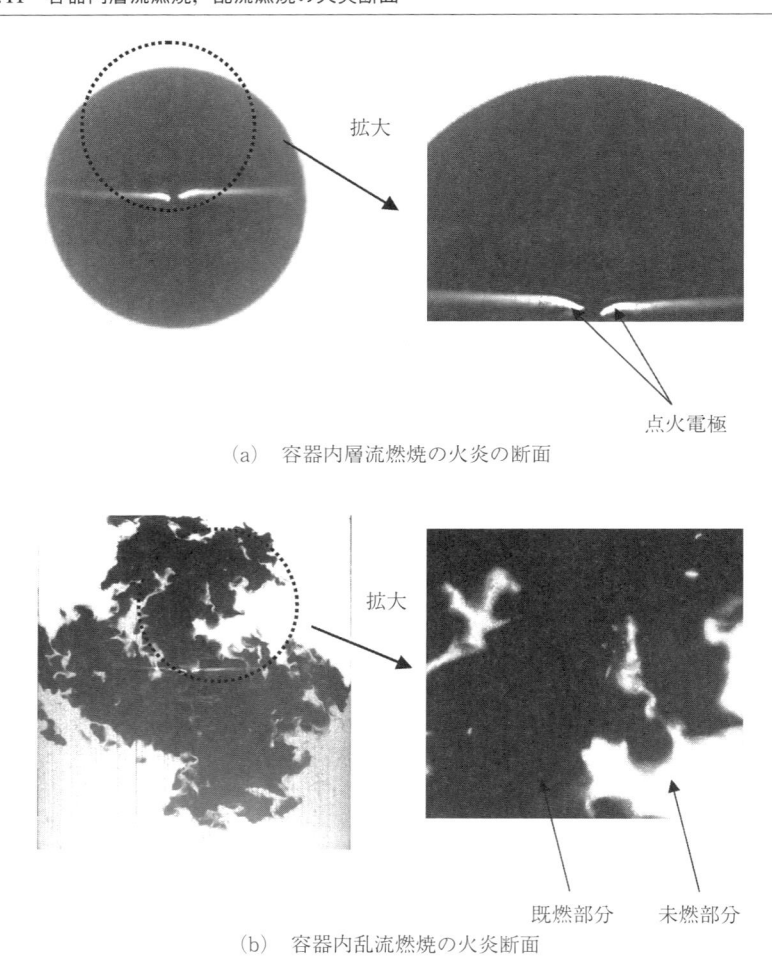

　図 9.13(a)は，エンジンのシリンダー中央で点火し，燃焼を開始させた場合であり，画像の横の数字は上死点を基準としたクランク角度である．中心で点火しても，エンジンに混合気が吸入されるときに流れができるので，まったく対称形に火炎が拡がるわけではなく，やや不均一な拡がりが見られる．上死点（クランク角 0°）付近では画像としてはほぼ全体が燃焼し終わっているように見えるが，未燃焼の部分は圧縮されて周囲に押しつけられ，密度が大きいので，この時点で燃焼している質量割合は全体の半分以下である．燃焼圧力から推定すると，上死点後 20° 以降まで燃焼は続いている．

■図 9.12　エンジン燃焼実験撮影システム

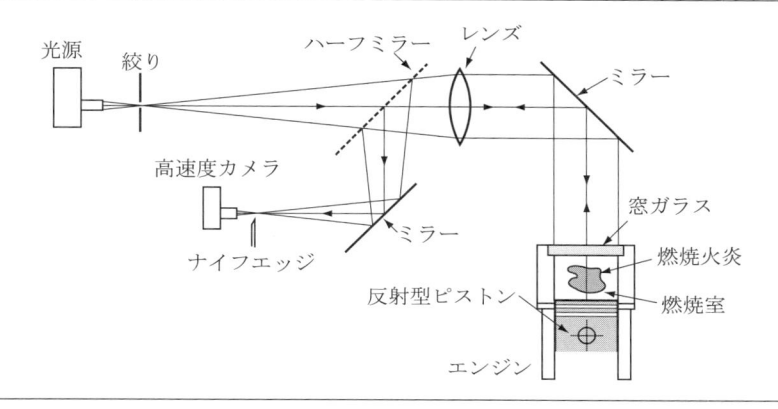

(光源／絞り／ハーフミラー／レンズ／ミラー／窓ガラス／燃焼火炎／燃焼室／反射型ピストン／エンジン／高速度カメラ／ナイフエッジ／ミラー)

表 9.3　エンジンにおける燃焼実験条件

エンジン諸元	シリンダー直径×行程	ϕ 84.0 × 90.0 mm
	行程容積	498.8 cc
	圧縮比	6.5
弁時期	吸気弁開 = 30° ATDC	吸気弁閉 = 80° ABDC
	排気弁開 = 33° BBDC	排気弁閉 = 37° ATDC
燃焼室形状	パンケーキ型	
混合気	燃料	プロパン
	酸化剤	空気
	当量比	ϕ = 1.0（理論混合比）
点火時期	上死点前　25°	
点火位置	（1）シリンダー側面	
	（2）シリンダー中央	
撮影条件	撮影方法	シュリーレン法（ナイフエッジ使用，反射型）
	光学系レンズ焦点距離	1 000 mm
	光源	500 W　超高圧水銀灯，ϕ 2 mm アイリス使用
	撮影装置	高速度カメラ
	撮影フィルム	ISO 400，16 mm
	撮影速度	毎秒　4 000 コマ

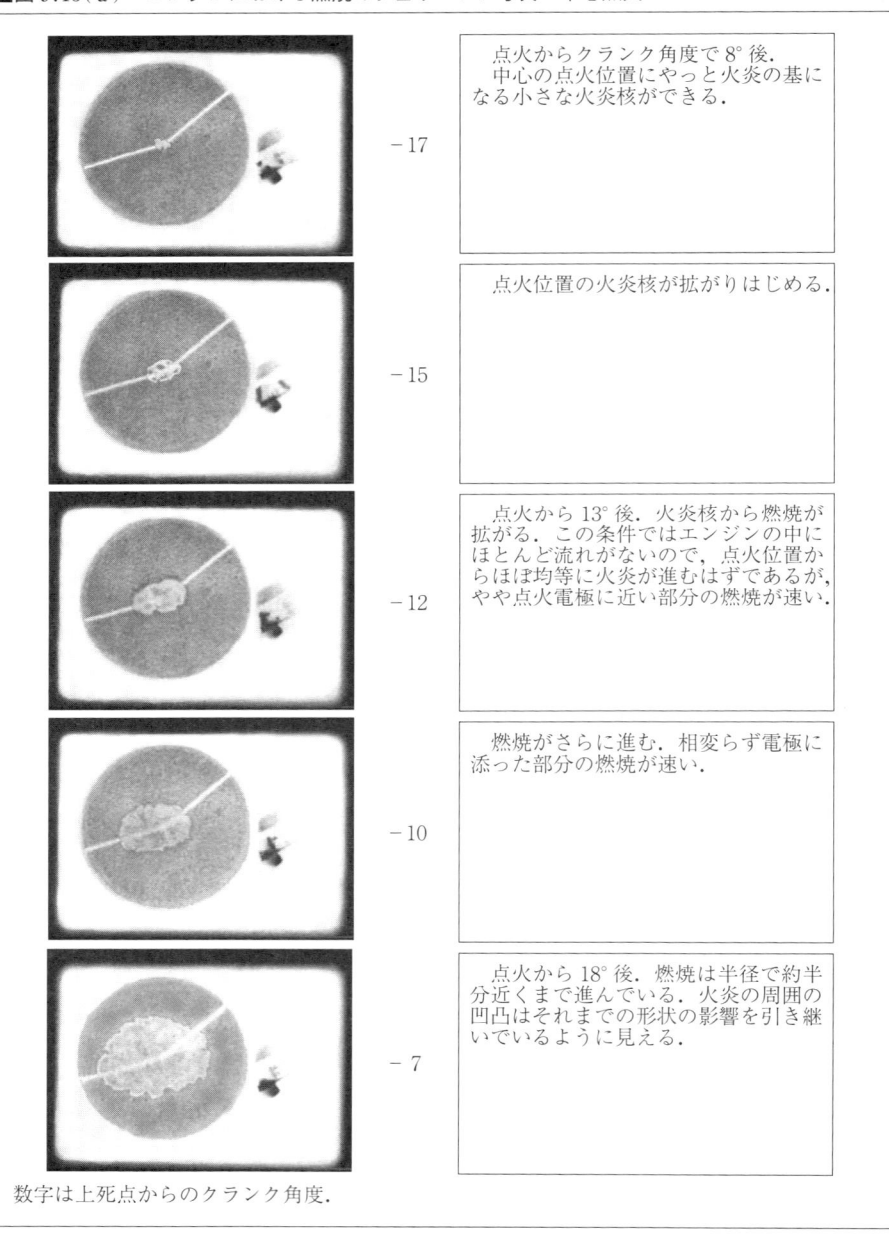

■図 9.13（a） エンジンにおける燃焼のシュリーレン写真：中心点火

−17	点火からクランク角度で 8°後．中心の点火位置にやっと火炎の基になる小さな火炎核ができる．
−15	点火位置の火炎核が拡がりはじめる．
−12	点火から 13°後．火炎核から燃焼が拡がる．この条件ではエンジンの中にほとんど流れがないので，点火位置からほぼ均等に火炎が進むはずであるが，やや点火電極に近い部分の燃焼が速い．
−10	燃焼がさらに進む．相変わらず電極に添った部分の燃焼が速い．
−7	点火から 18°後．燃焼は半径で約半分近くまで進んでいる．火炎の周囲の凹凸はそれまでの形状の影響を引き継いでいるように見える．

数字は上死点からのクランク角度．

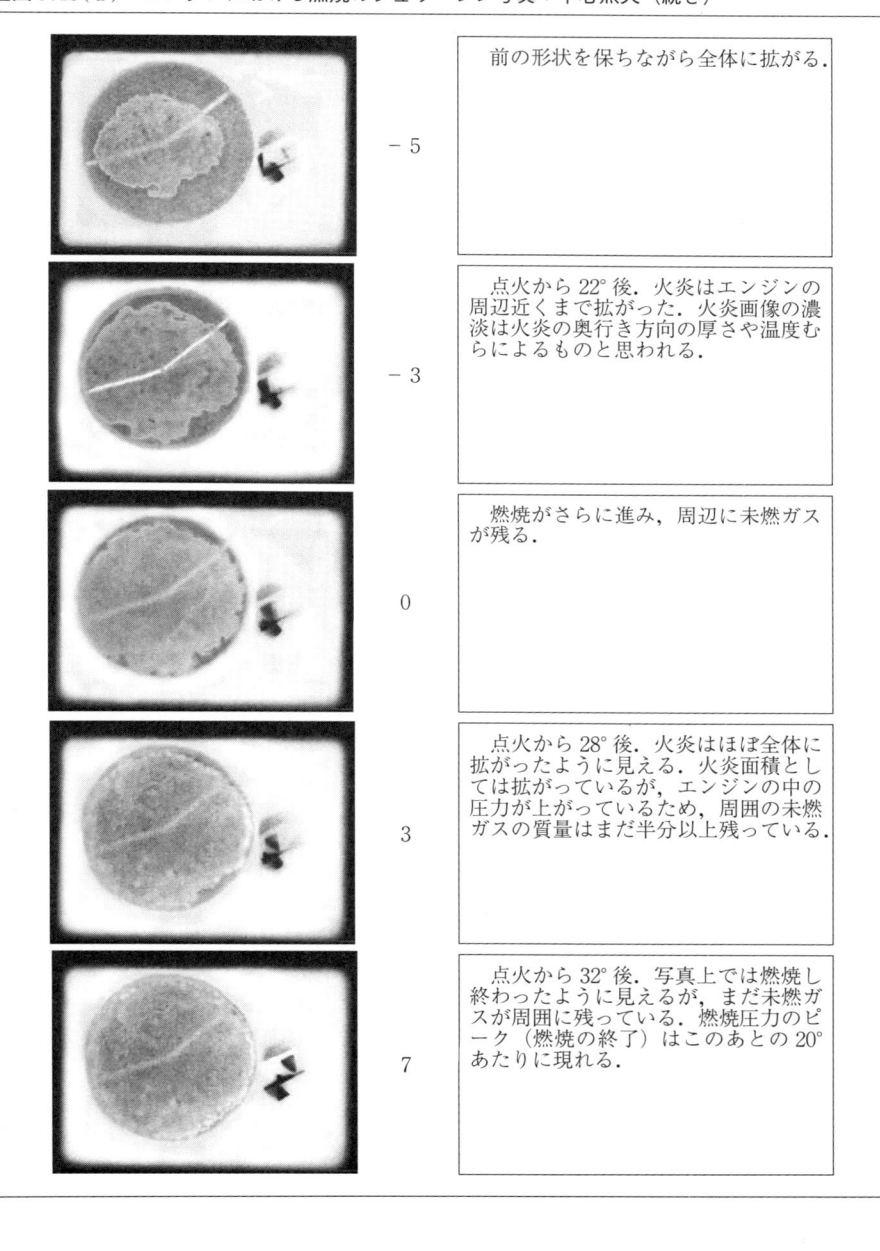

■図9.13(a) エンジンにおける燃焼のシュリーレン写真：中心点火（続き）

−5	前の形状を保ちながら全体に拡がる．
−3	点火から22°後．火炎はエンジンの周辺近くまで拡がった．火炎画像の濃淡は火炎の奥行き方向の厚さや温度むらによるものと思われる．
0	燃焼がさらに進み，周辺に未燃ガスが残る．
3	点火から28°後．火炎はほぼ全体に拡がったように見える．火炎面積としては拡がっているが，エンジンの中の圧力が上がっているため，周囲の未燃ガスの質量はまだ半分以上残っている．
7	点火から32°後．写真上では燃焼し終わったように見えるが，まだ未燃ガスが周囲に残っている．燃焼圧力のピーク（燃焼の終了）はこのあとの20°あたりに現れる．

■図 9.13（b） エンジンにおける燃焼のシュリーレン写真：周辺点火

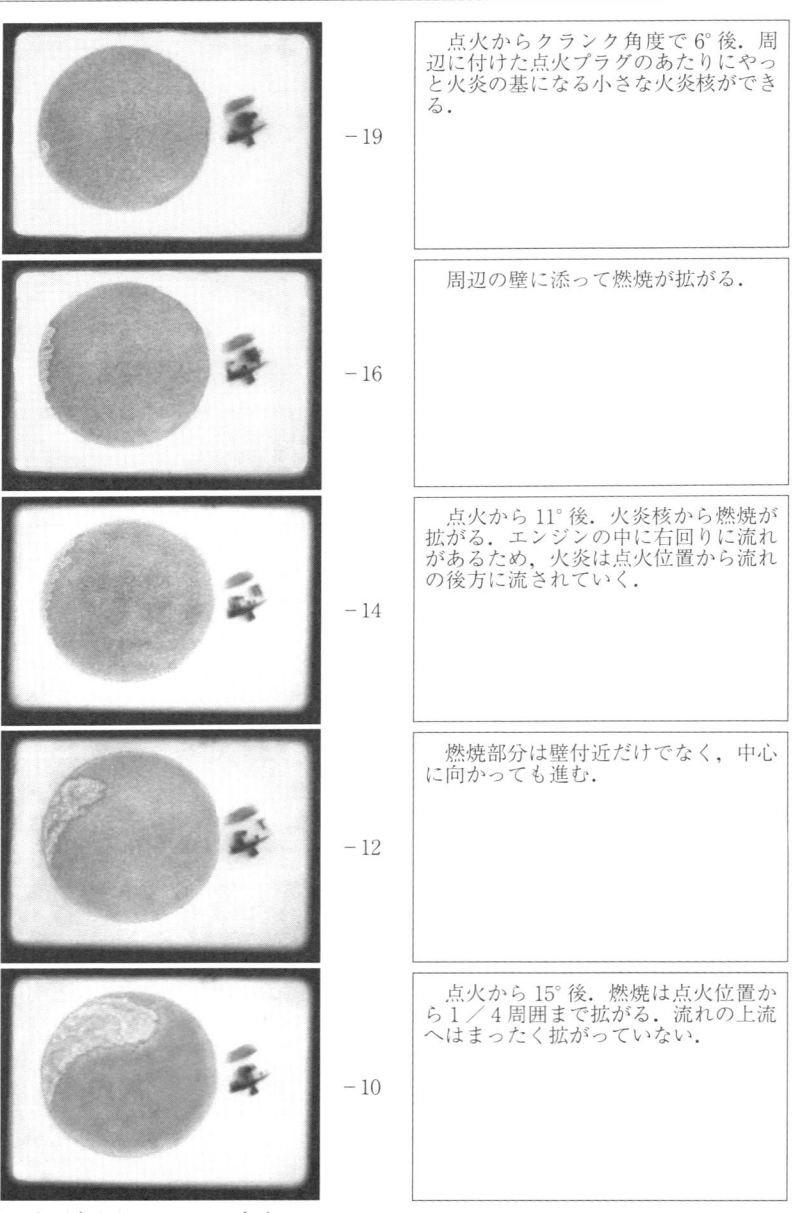

-19　点火からクランク角度で 6°後．周辺に付けた点火プラグのあたりにやっと火炎の基になる小さな火炎核ができる．

-16　周辺の壁に添って燃焼が拡がる．

-14　点火から 11°後．火炎核から燃焼が拡がる．エンジンの中に右回りに流れがあるため，火炎は点火位置から流れの後方に流されていく．

-12　燃焼部分は壁付近だけでなく，中心に向かっても進む．

-10　点火から 15°後．燃焼は点火位置から 1／4 周囲まで拡がる．流れの上流へはまったく拡がっていない．

数字は上死点からのクランク角度．

9.5 エンジン内の燃焼　*151*

■図 9.13（b）　エンジンにおける燃焼のシュリーレン写真：周辺点火（続き）

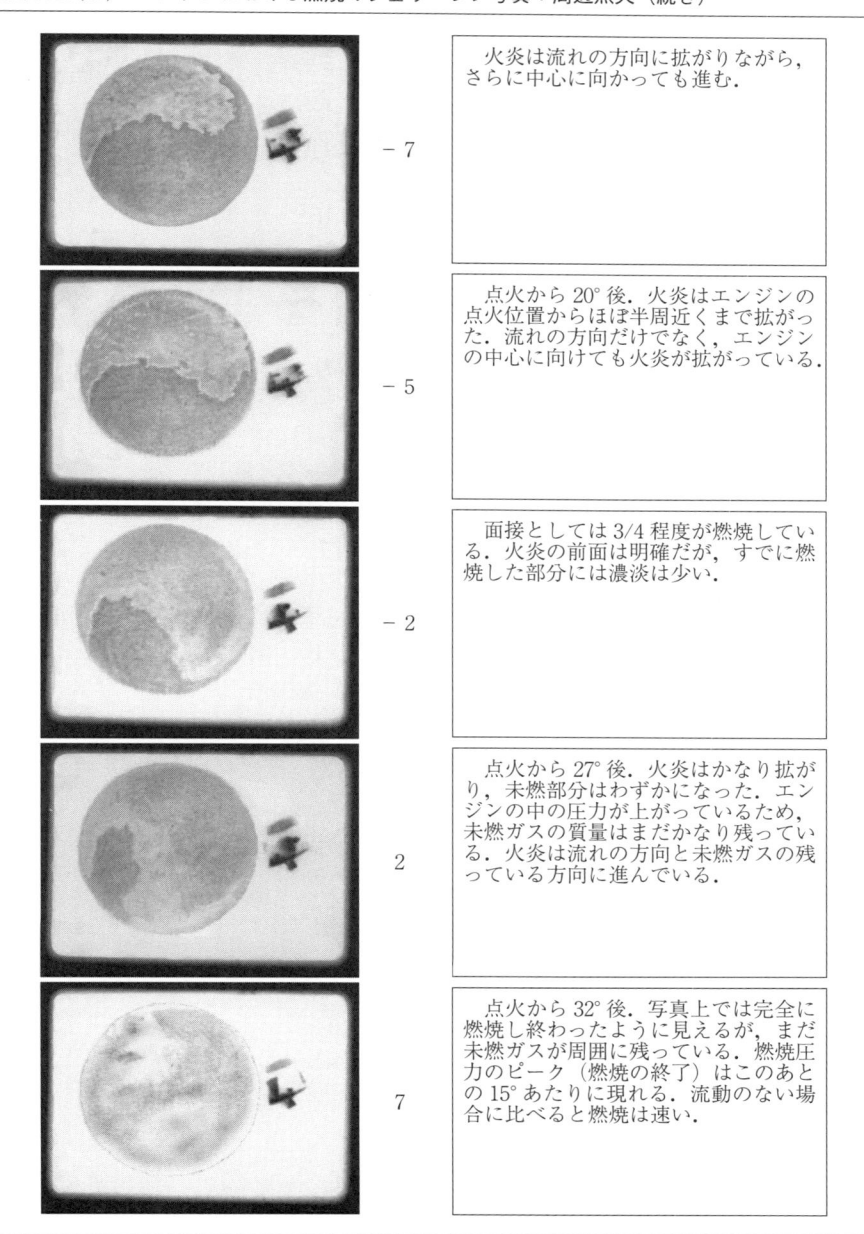

－7　　火炎は流れの方向に拡がりながら，さらに中心に向かっても進む．

－5　　点火から 20°後．火炎はエンジンの点火位置からほぼ半周近くまで拡がった．流れの方向だけでなく，エンジンの中心に向けても火炎が拡がっている．

－2　　面接としては 3/4 程度が燃焼している．火炎の前面は明確だが，すでに燃焼した部分には濃淡は少い．

2　　点火から 27°後．火炎はかなり拡がり，未燃部分はわずかになった．エンジンの中の圧力が上がっているため，未燃ガスの質量はまだかなり残っている．火炎は流れの方向と未燃ガスの残っている方向に進んでいる．

7　　点火から 32°後．写真上では完全に燃焼し終わったように見えるが，まだ未燃ガスが周囲に残っている．燃焼圧力のピーク（燃焼の終了）はこのあとの 15°あたりに現れる．流動のない場合に比べると燃焼は速い．

図9.13(b)は,エンジンのシリンダー壁面付近で点火した場合で,エンジンの中にガス流動を作ったケースである.燃焼は流れに乗って急激に拡がる.燃焼の終了は流れのほとんどない場合に比べて早く終了する.なお,火炎が燃焼室全体に拡がったころから画像が不鮮明になるのは,主に燃焼によってできた水(H_2O)が反射鏡を兼ねているピストンの頂面や観測用の窓ガラスを曇らせるためで,とくにエンジンの燃焼ではこの曇りの除去の対策は立てにくい.

第9章 演習問題

1. 伝播していく火炎の位置を画像として撮影する方法を二つ述べ,それぞれについて簡単に説明しなさい.
2. 普通のカメラで火炎を画像として撮影する場合の問題点を述べなさい.
3. 光の屈折を利用した火炎の撮影方法の原理と特徴を簡単に述べなさい.
4. 火炎の断面を撮影する方法を簡単に説明しなさい.
5. 本文に示した容器内の層流燃焼の写真で,混合気の成分を変えると燃焼の火炎の進み方が変わる理由を説明しなさい.
6. 本文に示した噴流を伴う燃焼の例で,連絡孔が小さい場合に,観察している燃焼室の中で燃焼が開始する時期が遅くなる理由を推定しなさい.
7. エンジンの中の燃焼写真を参考にして,エンジンの中に流れがある場合とない場合に,燃焼がどのように変わるかを説明しなさい.

付　録（付表）

表A　重油の規格

種類	引火点 [℃]	動粘性係数 [mm²/s]	用途
1種1, 2号	60〜	〜20	窯業，金属精錬 小型内燃機関
2種	60〜	〜50	小型内燃機関
3種1号 2号 3号	70〜	〜250 〜400 400〜1000	鉄鋼用 大型ボイラー 大型内燃機関

表B　LPGの規格

種類		組成 [%]			蒸気圧 [MPa]	比重	用途
		エタン エチレン	プロパン プロピレン	ブタン ブチレン			
1種	1号 2号 3号	5以下	80〜 60〜80 〜60	〜20 〜40 30〜	1.53	0.52 〜 0.63	家庭用 業務用
2種	1号 2号 3号 4号	—	90〜 50〜90 〜50 〜10	〜10 〜50 50〜80 90〜	1.55 1.55 1.25 0.52	0.50 〜 0.63	工業用 原料用 自動車用

表C 各種気体の0℃からt℃までの平均定圧比熱 C_p [kJ/(kg・K)]

温度℃	H_2	N_2	N_2air	O_2	OH	CO	NO	H_2O	H_2S	CO_2	N_2O	SO_2	NH	air
0	14.191	1.038	1.030	0.913	1.762	1.042	1.000	1.859	0.996	0.820	0.892	0.607	2.055	1.005
100	14.274	1.042	1.030	0.925	1.754	1.042	0.996	1.871	1.013	0.871	0.929	0.636	2.135	1.009
200	14.400	1.047	1.034	0.938	1.746	1.047	1.000	1.892	1.034	0.913	0.892	0.666	2.240	1.013
300	14.400	1.051	1.042	0.950	1.741	1.055	1.009	1.917	1.059	0.954	0.992	0.687	2.348	1.017
400	14.442	1.059	1.051	0.967	1.741	1.063	1.017	1.946	1.080	0.988	1.021	0.707	2.466	1.030
500	14.484	1.067	1.059	0.980	1.741	1.076	1.030	1.976	1.105	1.017	1.038	0.724	2.587	1.038
600	14.525	1.076	1.067	0.992	1.746	1.088	1.042	2.009	1.130	1.047	1.067	0.741	2.708	1.051
700	14.567	1.088	1.076	1.005	1.750	1.101	1.051	2.043	1.155	1.067	1.093	0.753	2.821	1.059
800	14.651	1.101	1.088	1.017	1.758	1.113	1.063	2.076	1.180	1.088	1.113	0.766	2.926	1.072
900	14.693	1.109	1.097	1.026	1.766	1.122	1.076	2.110	1.201	1.109	1.130	0.774	3.026	1.080
1 000	14.777	1.118	1.109	1.038	1.779	1.130	1.084	2.143	1.222	1.126	1.147	0.783	3.119	1.093
1 100	14.860	1.130	1.118	1.042	1.787	1.143	1.093	2.177	1.243	1.143	1.160	0.791	3.202	1.101
1 200	14.944	1.139	1.126	1.051	1.796	1.151	1.101	2.210	1.264	1.160	1.176	0.800	3.278	1.109
1 300	15.028	1.147	1.134	1.059	1.808	1.160	1.109	2.240	1.281	1.172	1.189	0.808	3.349	1.118
1 400	15.112	1.155	1.143	1.067	1.821	1.168	1.113	2.273	1.293	1.185	1.197	0.812	3.416	1.126
1 500	15.195	1.160	1.155	1.072	1.829	1.176	1.122	2.302	1.310	1.197	1.206	0.816	3.474	1.134
1 600	15.279	1.172	1.160	1.080	1.842	1.180	1.126	2.332	1.327	1.206	1.214	0.820	3.533	1.143
1 700	15.405	1.176	1.164	1.084	1.854	1.189	1.134	2.361	1.340	1.218	1.227	0.825	3.587	1.147
1 800	15.488	1.180	1.172	1.088	1.867	1.193	1.139	2.390	1.352	1.227	1.231	0.829	3.629	1.151
1 900	15.572	1.185	1.176	1.097	1.875	1.197	1.143	2.415	1.365	1.235	1.239	0.829	3.684	1.160
2 000	15.656	1.193	1.180	1.101	1.888	1.206	1.147	2.440	1.377	1.243	1.243	0.833	3.726	1.164
2 100	15.739	1.197	1.185	1.105	1.896	1.210	1.151	2.461	1.386	1.247	1.252	0.837	3.767	1.168
2 200	15.823	1.201	1.189	1.109	1.909	1.214	1.155	2.482	1.398	1.252	1.256	0.841	3.801	1.172
2 300	15.907	1.206	1.193	1.113	1.917	1.218	1.160	2.503	1.407	1.256	1.264	0.841	3.839	1.176
2 400	15.991	1.210	1.197	1.118	1.926	1.222	1.164	2.524	1.415	1.260	1.268	0.846	3.872	1.180
2 500	16.074	1.218	1.206	1.122	1.934	1.227	1.168	2.549	1.423	1.264	1.273	0.846	3.906	1.185
2 600	16.577	1.222	1.210	1.126	1.942	1.231	1.168	2.570	1.432	1.273	1.277	0.850	3.935	1.189
2 700	16.242	1.227	1.214	1.130	1.951	1.235	1.172	2.587	1.440	1.281	1.281	0.850	3.960	1.193
2 800	16.325	1.227	1.218	1.134	1.955	1.239	1.176	2.608	1.448	1.289	1.285	0.854	3.985	1.197
2 900	16.367	1.231	1.218	1.139	1.967	1.239	1.176	2.625	1.453	1.298	1.289	0.854	4.010	1.201
3 000	16.451	1.235	1.222	1.143	1.976	1.243	1.180	2.646	1.461	1.302	1.293	0.858	4.035	1.201

演習問題解答

第1章

1. 一次エネルギーの80％以上が燃焼に依存しているといわれており，今後もこの傾向は続く可能性が高い．したがって，燃焼の高効率化と熱エネルギーの有効利用がエネルギー対策として重要である．

2. 燃焼における問題点は大きくは次の二点である．
   （1） 燃料の多くを石油に依存しており，供給や価格の不安定さ，特定の地域（産油国）への依存など，が問題となる．さらに，当然のことながら，限られた資源であり永久に石油に頼ることはできない．
   （2） 燃焼するときに大気汚染物質を発生し，環境に悪い．

3. 木材，木炭，石炭などがあるが，工業的には石炭が主体である．

4. 軽質分から，ガソリン，ナフサ（ガソリンを含んでいうこともある），灯油，軽油，重油などである．

5. 発光と発熱を伴う急激な酸化反応をいう．

6. 太陽電池のパネルそのものの価格，使用するための電力変換装置，管理や買電などの設備，設備費用を考慮すると，現在では一般的な電力会社から電気を供給されるコストに対して，利益がでるのは30年以降といわれている．また，これは太陽電池の設置に際して国などからの補助金を利用した場合の試算である．
   一方，太陽電池そのものの耐久性（永久利用はできない）は20～30年といわれており，「経済的な点だけで考えると，現状ではメリットはほとんどない」ことになる．
   しかし，エネルギーの多様化は避けて通れない状況であり，一つの方法だけでは解決できないにしても，いろいろな方法を最適な条件で活用していくことが必要とされている．

7. 地球温暖化の問題から，古くは，1989年11月，オランダのハーグ郊外で約70ヶ国が参加して行われた「気候変動に関する閣僚会議」においてその開催地の名前をとり，ノルドベイク宣言が採択された．この後，1997年の日本における地球温暖化防止京都会議における京都議定書でCO_2削減計画が承認された．しかし，先進国，発展途上国などの意見がそろわず，各国での承認が遅れ，2005年2月にようやく批准する国が必要数を超え，条約が発効した．なお，CO_2の大きな排出国であるアメリカなどはこの条約を批准していない．

8. 可採年数とは，採掘可能な原油の量をその年度の使用量（または予測使用量）で割った値である．現在では残り40年程度であるが，採掘技術が経済的にも成り立つようになれば長くなる可能性もあるし，世界的なエネルギー使用量が増加していることから，これより短くなる可能性もある．

第2章

1. 静止した混合気を燃焼させると，表面が非常になめらかな状態で火炎が拡がる．層流火炎はこのような状態をいう．流体力学でいう層流状態での燃焼が必ず層流火炎になるわけではない．

2. 火炎伝播とは燃焼が継続的に行われることをいう．燃焼が継続する条件は，燃焼した部分の熱エネルギーの一部が，隣り合ったこれから燃焼する未燃の混合気に与えられると，未燃混合気が点火温度に達すると自ら燃焼反応が可能となり，燃焼する．この繰り返しで燃焼が継続していく．

3. 点火温度になる位置を境にして，燃焼前の混合気がその初期の温度であるときのエネルギーから点火温度まで上げる熱量が，既燃部分から熱伝導によって未燃部に与えるとして，この両者が等しいとおいて燃焼温度を求める．

4. 火炎帯は（1）燃焼前の混合気が加熱される予熱帯と（2）点火温度以上になって自ら反応して発熱する反応帯に分けられる．

5. 化学反応が活発な部分で発光する．つまり，反応帯と同じと考えてよい．

6. 本文の式（2.34）を利用して，問題に与えられた物性値を代入すると

$$\delta_p = \frac{\lambda}{S_u \rho_u c_p} = \frac{0.024}{50 \times 10^{-2} \times 1.25 \times 1.003 \times 10^3} = 0.038 \times 10^{-3} \quad [\text{m}]$$

したがって，反応帯の厚さは 0.04 mm 程度である．

7. 定圧燃焼であるから，燃焼前後の密度比は温度比と逆比例する．つまり

$$\frac{\rho_u}{\rho_b} = \frac{T_b}{T_u} = \frac{1800}{300} = 6.0$$

したがって

$$P_u - P_b = 1.25 \times 1.0^2 \times (6.0 - 1) = 6.25 \quad [\text{Pa}]$$

火炎面前後の圧力差は，10万分の6気圧程度の差しかないことになる．

仮に燃焼速度 S_u が 10 m/s であるとしても，この問題の 100 倍であるので，1 000 分の 6 気圧の差にしかならない．

8. 影響因子は多数あるが，大きく影響するのは初期温度と混合比である．圧力も影響するがその影響度は少ない．

第3章

1. バーナー拡散火炎の形態にはいろいろあるが，自由噴流火炎，同軸流火炎が主体であり，これ以外に対向流火炎，境界層吹き出し火炎などがある．

2. 身近な拡散火炎としては，ガスライターの炎がある．ガス湯沸かし器などの点火用の種火であるパイロットフレームもあり，これも拡散火炎である．パイロットフレームの方式は，最近はほとんど使用されていない．

3. バーナーを用いて予混合気の燃焼を行っても，酸化剤を含む空気の量が適切でなかったりする（不足している）と，主な燃焼部分である予混合燃焼で燃料が燃焼しきれずに，その外側で回りの空気と混合して二次的な火炎を作る．これを二次火炎という．

4. バーナー拡散火炎の燃料の速度を上げていくと，初めは比較的火炎表面のゆらぎが少ない拡散火炎ができ，それが長くなっていく．さらに速度を上げると，炎の先端から形がくずれはじめ，乱流火炎となり，火炎の長さは燃料速度に関係なく，ほぼ一定の長さ

になる．
5. 燃料の流速を上げると，火炎の長さはほぼ一定となるため，バーナー位置と加熱したいものの距離は，加熱したい速度にかかわらず，ほぼ一定でよい．
6. 発生熱量 Q は，発熱量 H と質量流量 m の積だから
$$Q = Hm$$
バーナー直径を d，バーナー孔の数を n，密度を ρ とすると，バーナー孔からの流出速度 u は
$$u = \frac{m/\rho}{\frac{\pi}{4}d^2 n} = \frac{4m}{\pi d^2 \rho n}$$

したがって，動粘性係数を ν とすると，レイノルズ数 Re は
$$Re = \frac{ud}{\nu} = \frac{\frac{4md}{\pi d^2 \rho n}}{\nu} = \frac{\frac{4Q}{H}}{\pi d \rho n \nu}$$
$$\therefore\ n = \frac{4Q}{H\pi d \rho \nu Re}$$
$$= \frac{4.0 \times 5}{1.0 \times 10^3 \times 3.14 \times 3.0 \times 10^3 \times 1.8 \times 4.6 \times 10^{-6} \times 10^4}$$
$$= 25.6$$
したがって，孔の数は約 26 個となる．

第 4 章

1. 大きく分けて三種類あり，（1）液体のままで表面で燃焼する表面燃焼（2）液体を繊維などで吸い上げて燃焼させる灯芯燃焼（3）細かい微粒子にして燃焼させる噴霧燃焼，がある．
2. この時間を「寿命」あるいは「燃焼時間」という．寿命 T は初期直径の 2 乗 D_0^2 に比例する．
3. 液滴は周囲から熱エネルギーを受けて蒸発する．したがって，受け取った熱量で気化できる質量が蒸発する．蒸発に必要な熱量は，気化潜熱と気化質量の積であり，この熱量は周囲の気体から熱伝達という熱移動現象で受け取る．
4. 蒸発や燃焼には直径の 2 乗が効く．その理由は，蒸発においても，熱移動においても，燃焼においても，いずれもその表面積が大きな因子である．球の表面積は πD^2 であるから，直径の 2 乗が効くということになる．ただし，正確には，周囲温度や気体の流れ，蒸発した成分や燃焼した成分，酸素などの濃度分布なども影響因子である．
5. 高温の雰囲気中に粒子が投げ込まれると，まず粒子の温度が上がる．このときに，熱膨張によって粒子径がわずかに大きくなる．次に粒子の周囲へ燃料が蒸発する．蒸発した気体の燃料が空気と混ざり合って燃焼できる混合気となる．この場所で（多少の時間遅れはあるが）燃焼が開始される．燃焼の開始によって，周囲温度も上がり，また気体の流動も活発になるので，粒子の大きさの減少率は蒸発だけの場合に比べて大きくなる．

第 5 章

1. 固体燃焼の仕方には（1）蒸発燃焼（2）分解燃焼（3）表面燃焼（4）いぶり燃焼がある．

2. （1） 蒸発燃焼は，固体の融点が比較的低く，燃焼による熱によって固体燃料が溶けて液化し，さらにこれが蒸発しながら燃焼する形式をいう．
   （2） 分解燃焼は，固体燃料がその中に含まれる成分が，燃焼している熱によって熱分解を起こし，気体燃料となって燃焼する形式である．通常はすべてが気体になるのではなく，固体燃料に含まれる一部分が分解して気体になる場合が多い．
3. 火格子燃焼は固体燃料を燃焼させる一つの方法である．固体燃料はその中に燃焼しない不純物を含む場合が多く，これが燃焼を妨げる．火格子はその上に燃料の位置を安定させ，固体の燃焼生成物（不燃の固体）を格子の間から落下させ，かつ酸化剤である空気を下から供給する役目を果たしている．火格子燃焼では，固体燃料がその表面で燃焼するだけでなく，蒸発成分や分解成分が気体の状態で燃焼することを含んでいる．
4. 流動床による燃焼は石炭の燃焼に多く用いられ，10mm程度の石炭の粒子を砂や石灰石の粒子と混ぜ，ここに強制的に空気を送り込んで，流体のように攪拌する．ここで燃焼を行わせると，空気と固体燃料が出会うチャンスが増え，燃焼を安定させ，継続的に燃焼させることができる．
5. COMとはcoal oil mixtutreの略で，石炭の超微粒子と重油を混合して，あたかも液体燃料のように燃焼させる方式である．石炭は微粒子であり，重油は燃料であるだけでなく，流動化させる役目もあるので，液体のように取り扱うことができ，燃焼を制御しやすい．石油系の燃料に採掘量の多い石炭を混ぜることによって，石油系の燃料の消費量を抑制するメリットがある．
6. 固体燃料が燃焼できるかどうかは，気体燃料と同じように，燃焼によって発生する熱量と，未燃の燃料が点火温度まで上げられるかどうかという熱的なバランスによる．燃焼した熱エネルギーが次に燃焼する固体燃料に十分に与えられ，点火温度になれば，燃焼は継続するので，着火（または燃焼が継続）する．逆に次に燃焼すべき燃料に十分な熱量が与えられなければ燃焼は継続できず，消炎する．

第6章

1. 燃焼させる空気と燃料の質量比を混合比という．他に空燃比とよぶこともある．また，理論混合比を基準とした当量比という定義もある．
2. 燃料と，空気中の酸素のどちらも燃焼が終了した既燃ガス中に含まれないような割合は，燃料と空気（酸素）が過不足なく反応したことを表す．このときの空気と燃料の質量比を理論混合比という．
3. 燃焼における化学反応式を書いてみる．理論混合比の定義のように，燃焼終了後には燃料も酸素も含まれていない．この条件の化学反応式を表して，燃料の質量と，必要な酸素の質量から必要酸素量を含む空気の質量を求め，空気と燃料の質量比を求める．
4. 燃料と空気の混合気が燃焼した場合に，燃焼した後の高温ガスを，燃焼を開始するときの温度まで下げたときに，取り出すことができる熱量を発熱量という．高発熱量は水素を含んだ燃料が，燃焼したときにできる水蒸気が水になるまで熱量を使い切ったときの発熱量をいい，低発熱量は水蒸気が水蒸気のままであるときの発熱量をいう．この差は水の蒸発潜熱分である．
5. 水素を含んでいるので，炭化水素燃料と同じように低発熱量と高発熱量がある．酸化反応式は

$$CH_3OH + 2O_2 = CO_2 + 2H_2O \, (+21.1)$$
（最後の数字は低発熱量で単位はMJ/kg）

となるから，たしかに水（水蒸気）が発生し，高発熱量と低発熱量がある．

6. 理論燃焼温度は燃焼前後のエネルギーのバランスから求める．燃焼前のエネルギーは（1）燃料がもつ発熱量（2）燃料そのものがもつ（あることによる）エネルギー（3）酸化剤である空気がもつエネルギーである．燃焼後のエネルギーは（4）燃焼によってできた燃焼生成物（気体がほとんど）のそれぞれの成分の燃焼温度におけるエネルギーである．この（1）（2）（3）の和が（4）と等しいと考えて求める．

7. 概略的な燃焼温度を求める場合に以下の仮定をする．（1）燃焼前の混合気がもつ熱エネルギーは発熱量だけとする．（つまり，燃料や空気そのものがあることによってもつ熱エネルギーは無視する）（2）比熱は温度にかかわらず一定とする（この仮定は正確には間違いであることはすでに本文で述べた）

このように仮定すると，式（6.16）は

$$E_u = H_u \tag{6.A1}$$

となるから，これと仮定（2）から，式（6.26）は

$$H_u = \left\{ \frac{44}{12} w_c \cdot [c_{pCO_2}] + \frac{18}{2} w_H \cdot [c_{pH_2O}] \right. $$
$$+ (w_{aN} + w_N) \cdot [c_{pN_2}]$$
$$\left. + \left(w_{aO} + w_O - \frac{32}{12} w_c - \frac{16}{2} w_H \right) \cdot [c_{pO_2}] \right\} t_b \tag{6.A2}$$

この式はt_bの一次式である．したがって，式（6.A2）のH_uに燃料の発熱量と右辺の燃焼後の成分を計算し，比熱を代入すれば，t_bをただちに求めることができる．

8. 一般には燃焼は発熱反応であるが，非常に高温になると，燃焼によってできた成分のごく一部が分離する反応（吸熱反応）が起こることをいう．したがって，燃料のもつ発熱量がすべて燃焼ガスのもつ熱量に変わるわけではなく，これによって実際の燃焼温度は下がる．

9. 概略的には次のように考える．燃焼ガスの熱容量をC[kJ/K]とし，熱解離がない場合の発熱量をH_u[kJ/kg]とすれば，温度上昇分ΔT[K]はおよそ

$$\Delta T = H_u / C$$

ここで熱解離が1%起こるということは，発熱量が1%減ると考えていいから，熱解離がある場合の発熱量H_u'は$0.99H_u$になる．正確には熱容量Cも変化するが，同じであると仮定すると，温度上昇分$\Delta T'$は

$$\Delta T' = H_u' / C = 0.99 H_u / C$$
$$= 0.99 \times (2\,100 - 20) = 2\,059$$

ゆえに燃焼温度Tは

$$T = 20 + 2\,059 = 2\,079 \quad [℃]$$

約$2\,080℃$である．

（注意）熱解離が1%起こると燃焼できる燃料は99%，さらに熱解離で1%減少して約98%と考えるのは考えすぎである．

第 7 章

1. 点火とは「自ら火炎伝播できるような，エネルギーの高い火炎核を作ること」である．エネルギーの高い部分ができても，それが燃焼として火炎伝播できない場合は「点火」とはいわない．

2. 発火点は，熱発生速度と熱拡散速度がつりあう温度をいう．または，点火用の火花や別の燃焼火炎などの，燃焼を開始できるエネルギーを受けないで，自分で燃焼を開始できる温度をいう．引火点は，点火火花や他の火炎のような，直接的に燃焼できるエネルギーを，外部から受け取って燃焼を開始できる温度をいう．

3. 電気エネルギーで火花放電をして点火するには，一般に放電させるための高圧電源が必要となる．時間的に燃焼を開始させたい時期を精度よく制御する必要がない場合は，定置式の燃焼方式では一般の交流電源でもいい．燃焼の開始時期を正確に制御する必要がある場合には，直流電源をエネルギー源として用いる．放電のためには高電圧にする必要があり，(1)直流電源，(2)高圧の電気に変換するためのコイルやトランス，(3)コイルやトランスが作動するような，電流を変化させる装置，(4)放電電極，が必要となる．(3)の電流変化装置で燃焼を開始させたい時期を定め，(2)のコイルなどで電圧を上げ(4)の放電電極で火花放電する．

4. 電気火花にかなり大きな放電エネルギーを与えても，電極間の距離を短くしていくと点火しなくなる．この状況を消炎といい，点火しなくなる距離を消炎距離という．主な理由は点火エネルギーの多くが，近くにある放電電極などに逃げてしまって，つぎに燃焼する部分の温度が上らず，火炎伝播できなくなったためである．この現象は火炎伝播してきた火炎が壁に近づいた場合にも起こる．

5. 熱的な点火エネルギーの測定方法は二つある．
   (1) 断熱された容器の中に空気（物性がわかっていれば他のものでもよい）を入れ，これに点火電極をつけて，長時間（つまり非常に多くの回数）の火花放電を行う．その結果，空気の温度が上がるので，温度上昇を計測して，空気のエネルギー上昇量を求めると，比熱，質量，温度上昇分から与えられた熱量がわかる．放電した回数で割れば1回の放電エネルギーが求められる．
   (2) 空気が満たされた，断熱容器ではない容器に放電電極をつけ，多数回放電する．放電によって空気の温度が徐々に上がっていき，この温度経過を計測しておく．この場合は放電エネルギーの一部は容器の外へ逃げている．条件を同じにして，点火電極の代わりに発熱体（たとえばニクロム線）を入れ，電気を流す．放電した場合と同じ温度上昇になった消費電力が，放電エネルギーである．これを放電回数で割って1回当たりの放電エネルギーを求める．

6. 着火に必要な条件（一般的には熱的な条件）がそろっても，ただちに燃焼しないで，ほんのわずかな時間ではあるが，燃焼が開始するまでに遅れがある．これを着火遅れという．

7. 燃料と酸素があり，点火のためのエネルギーが十分与えられても，燃焼できない条件がある．一般には燃料と空気の混合割合がもっとも効く．燃料が多すぎても（極端な場合は燃料のみ），燃料が少なすぎても（極端な場合は空気のみ）燃焼はできない．ある特定の空気と燃料の割合の範囲で燃焼が可能となる．この範囲を燃焼限界という．

▶ 第8章

1. 燃焼速度とは，燃焼している部分である火炎面に未燃ガスが取り込まれる速度である．したがって，未燃ガスに座標の原点をおけば，この座標系における火炎面の移動速度となる．火炎速度は，燃焼しているシステムの外から観察できる火炎の速さである．したがって，定常的に燃焼しているバーナー火炎などは，外からの観察者からは静止して見える．この場合の火炎速度は0である．しかし燃焼しているので，燃焼速度は0ではない．

2. バーナーを用いる燃焼速度の計測方法には，（1）自由噴流型のバーナー火炎の円錐状の火炎の傾斜角と供給混合気の流速から求める方法，（2）同じく自由噴流型のバーナー火炎の火炎の面積と混合気の流量から求める方法，（3）安定した平面火炎において，混合気の流出速度から求める方法，がある．

3. 燃焼速度を S_u，バーナー直径を d，混合気流速を u_f，円錐の頂角の半分を α，高さを h とする．燃焼速度 S_u は

$$S_u = u_f \sin\alpha$$

である．これに $S_u = 0.5$，$u_f = 2.0$ を代入して α を求めると

$$\alpha = 14.5°$$

一方，円錐の形状から

$$\tan\alpha = \frac{d/2}{h}$$

である．$\tan\alpha = 0.259$ となるから，上の式から $h = 34.7\,\mathrm{mm}$
円錐の高さは 34.7 mm である．

4. 球状進行火炎を利用する場合は，（1）一定圧の条件におけるシャボン玉法と（2）一定容積の容器の中で燃焼させる定容器法がある．（1）では燃焼開始前と終了時のシャボン玉の直径と，それぞれの時刻における火炎の広がり速度（火炎速度）が必要となる．（2）では燃焼中の圧力（時間的な変化も）と火炎位置（時間的な変化も）が必要となる．

5. シャボン玉のはじめの直径を a，燃焼終了時の直径を A とし，火炎速度を S_b とする．燃焼速度 S_u は

$$S_u = f^3 \times S_b$$

であり，$f = a/A$ であるから問題に与えられた数値から

$$f = 0.667$$

ここで，火炎速度 S_b は 1.5 m/s で一定なので，燃焼速度はただちに求められて

$$S_u = 0.296 \times 1.5 = 0.44\ \mathrm{m/s}$$

▶ 第9章

1. 直接撮影法と間接撮影法がある．直接撮影法は燃焼している火炎の発光そのものを撮影する方法であり，間接撮影法は燃焼によるガスの密度変化で光が曲がることを利用して，火炎の発達状況を撮影する方法である．

2. 三次元の火炎を二次元の平面に投影して撮影しているため，奥行き方向の情報は重なって，どこでそのような現象，たとえば部分的にふくらんでいるというような情報は得られないところが問題となる．また，火炎そのものの明るさが少ない場合には撮影できない．

3. 燃焼した部分と燃焼していない部分では密度が変化するため,気体の屈折率が変わる.つまり,平行光を入れると,この密度差のあるところで,平行光が平行ではなくなる.これが明暗の差となる.つまり燃焼部分と未燃部分が分けられる.これをそのまま撮影するのが影写真法であり,これを一回集光して,曲がった部分を強調(曲がらなかった光はカット)して撮影するのがシュリーレン法である.
4. 火炎断面を撮影する方法としては,レーザーをシート状にして燃焼部分にあてる方法がある.混合気に細かい粒子を入れておくと,粒子のあるところは光を反射し,ないところは反射しない.つまり,燃焼した部分は粒子密度は非常に低いので暗く写り,燃えていない部分は明るく写る.この方法で,火炎のレーザーを照射した断面の形状を撮影することができる.
5. 燃焼しやすいガスでは燃焼速度が速く,不活性な気体を混ぜると燃焼速度が遅くなる.このことは全体の燃焼しおわる時間からも推定できる.この燃焼速度に差があるため,燃焼が速い場合には浮力の影響をほとんど受けないが,燃焼速度が遅いと浮力の影響を受けやすく,燃焼後半の火炎先端の形状が上下で非対称になる.
6. 連絡孔が小さい場合には,初めに燃焼室で観察できる画像に明暗の密度むらが多く見られる部分は,温度が十分には高くないガス(燃焼ガスと混合気の混ざったガス)であると推定される.したがって,初めのうちは,観察部分に燃焼を開始させることができるほど,高いエネルギーをもっていない.また,一般的には燃焼できる状態になっても,実際に燃焼が開始できるまでに時間を必要とする着火遅れという現象がある.この両者の理由で,燃焼の開始が遅れると推定される.
7. 本文の燃焼写真からは,燃焼の拡がり方が異なることがわかる.この場合は,流れがない場合は点火した位置からほぼ円(球)状に拡がり,流れがある場合は,燃焼の進み方はガス流動に流されるように見える.画像からわかる燃焼している時間は,両者とも大きな差は見られない.しかし,次の考察から,流れがある場合の方が燃焼が速いことが推定される.この二つの条件では,点火した位置から燃焼終了までの距離が違う.流れがある場合の条件では,シリンダーの壁で燃焼を開始させ,その反対側(実際の画像では旋回しながら)まで燃え切る燃焼であり,燃焼しなければならない距離はほぼ直径分である.流れのない場合の条件では,中心で点火して周辺まで燃焼しきる状態である.燃焼必要距離は半径分である.つまり,燃焼開始から終了までに,火炎の進まなければならない距離が異なる.中心点火では,燃焼終了までに火炎が進まなければならない距離が短いことを考慮すると,流れがある周辺点火の方が燃焼が速いことが推定される.

参考図書

1. 引田強：火の科学，培風館，1992年．
2. 金原寿郎：気体の燃焼物理，裳華房，1985年．
3. 大竹一友・藤原俊隆：燃焼工学，コロナ社，1985年．
4. 小林清志・荒木信幸・牧野敦：燃焼工学，理工学社，1988年．
5. 本田尚士監修：環境圏の新しい燃焼工学，フジテクノシステム，1999年．
6. 田中楠弥太：燃料と燃焼，昭晃堂，1973年．
7. 水谷幸夫：燃焼工学，森北出版，1989年．
8. 水谷幸夫：燃焼工学入門，森北出版，2003年．
9. 日本機械学会：燃焼の設計，オーム社，1990年．
10. 飯沼一男監修：燃焼の空気力学，日本熱エネルギー技術協会，1976年．
11. 疋田強・秋田一雄：燃焼概論，コロナ社，1976年．
12. F. A. Williams，(拓殖修一監訳)：燃焼の理論，日刊工業新聞社，1987年．
13. 新岡高・河野通方・佐藤順一：燃焼現象の基礎，オーム社，2001年．
14. 田中楠弥太：燃料と燃焼，昭晃堂，1963年．
15. 資源エネルギー庁：新エネルギー便覧（平成15年版），経済産業調査会，2004年．
16. (財)省エネルギーセンター：省エネルギー便覧（2004年版），(財)省エネルギーセンター，2004年．
17. 資源省エネルギー年鑑編集委員会：省エネルギー年鑑（2005-2006），通産資料出版会，2005年．

索　　引

あ　行

圧力の影響　　42
アルコール　　12
アルコール燃料　　22
硫黄酸化物　　7
一酸化炭素　　6
いぶり燃焼　　72
引火点　　96
引火点の計測　　98
液体燃料　　9,57
液滴燃焼　　61
液面燃焼　　58
エネルギー供給実績　　19
エネルギー対策　　18
エネルギーの需給　　19
エネルギーの変換システム　　2
エネルギー保存則　　89
エネルギー問題　　2
エンジン　　3
エンジン内の燃焼　　145
温度勾配　　31

か　行

火炎　　14,28
火炎核　　95
火炎傾斜角法　　115
火炎速度　　16,120,122,124
火炎断面　　130
火炎伝播　　15,28,29,95
火炎面　　28
火炎面積法　　116
火炎面前後の圧力差　　41
化学的着火遅れ　　105
拡散　　71
拡散火炎　　16
拡散火炎の構造　　49
拡散火炎の長さ　　53
拡散現象　　50

拡散燃焼　　27,46
影写真　　127
可採年数　　26
ガス流動　　145
ガソリン　　11
活性基　　39
可燃範囲　　113
過濃混合気　　33
火力発電　　3
間接撮影法　　127
気体燃料　　12
既燃ガス　　28,29
希薄混合気　　33
基本反応　　86
空燃比　　84
軽油　　11
原子力発電　　3,20
高速度カメラ　　130
高発熱量　　88
高炉ガス　　13
コークス　　72
コジェネレーション　　24
固体燃料　　8,70,74
混合比　　83

さ　行

最小点火エネルギー　　104
再生可能エネルギー　　22
COM燃焼　　77
CWM燃焼　　77
失火　　96
シャドウグラフ　　66
シャボン玉法　　118
自由噴流火炎　　47
重油　　11
寿命　　62
シュリーレンストップ　　127
シュリーレン法　　127,131,137

消炎　81, 101
消炎距離　101
昇華　71
消火　110
焼結灰　79
蒸発　71
蒸発燃焼　71
初期温度　42
新エネルギー　21
水性ガス　13
水素燃料　23
水力発電　3
石炭　70
石炭液化油　11
石炭ガス　13
石油系炭化水素燃料　9
遷移領域　52
層流火炎　18, 28
層流火炎伝播　28
層流拡散火炎　52
層流拡散火炎の長さ　53

た　行

太陽エネルギー　4
単一粒子の燃焼　61
炭化水素　7
炭酸ガス　8
窒素酸化物　7
着火　80
着火遅れ　105
直接撮影法　127
定圧燃焼　86
ディーゼルエンジンの燃焼　55
低発熱量　88
定容燃焼　87
点火　18, 95
点火エネルギー　102
点火エネルギーの測定　103
点火遅れ　105
点火温度　29, 96
電気火花　99
天然ガス　12
同軸流火炎　47
灯芯燃焼　58

灯油　11
当量比　84

な　行

ナフサ　11
二次火炎　51
ヌセルト数　64
熱移動　29
熱炎　15
熱解離　42, 94
熱機関　3
熱伝達　63
熱伝達率　63
熱伝導　31
熱伝導率　31
熱分解　71
熱流束　31, 63
燃焼　14
燃焼画像　126
燃焼限界　33, 108
燃焼時間　61
燃焼速度　16, 30, 33, 114, 120, 122, 124
燃焼速度の計測　114
燃料液滴　59
燃料液滴の蒸発　62
燃料液滴の粒径の変化　66
燃料電池　3, 23
燃料と空気の混合　50

は　行

バーナー火炎　47
バーナー拡散火炎　47
バイオマス燃料　21
発火点　96
発光帯　39
発生炉ガス　13
発熱量　86
反応帯　30
反応帯の厚さ　38
光増幅器　131
火格子燃焼法　75
非定常火炎　131
火花点火　99
微粒化　59

微粉炭燃焼　77
表面燃焼　72
微粒子　7
物理的着火遅れ　105
分解燃焼　72
ブンゼンバーナー　48
噴霧燃焼　59
平面火炎　117
平面火炎法　117
防災　101
放電エネルギー　100

ま　行
マラール・ルシャトリエの式　32
密閉容器法　122
未燃ガス　28, 29
メタンハイドレート　26
木材　72
木炭　72

や　行
有害成分　6

誘導火花　99
容量火花　99
予混合火炎　16
予混合気　16, 27
予混合燃焼　27
予熱帯　30
予熱帯の厚さ　37

ら　行
乱流火炎　18, 28
乱流拡散火炎　52
乱流拡散火炎の長さ　54
乱流燃焼速度　124
流動床　76
理論空燃比　84
理論混合比　84
理論燃焼温度　89
冷炎　15
レーザーシート法　129, 145
ろうそく　71

著者略歴
田坂　英紀（たさか・ひでのり）
1965 年　東京工業大学工学部機械工学科卒業
1965 年　東京工業大学工学部助手
1983 年　東京工業大学工学部助教授
1983 年　宮崎大学工学部教授
2007 年　宮崎大学名誉教授
　　　　現在に至る．
　　　　工学博士
著　書　『自動車エンジンの排気浄化』（分担）日本学術振興会（1981）
　　　　『自動車工学便覧（第 4 編）』（分担）自動車技術会（1983）
　　　　『燃焼のレーザ計測とモデリング』（分担）丸善（1987）
　　　　『内燃機関（第 2 版）』森北出版（2005）
　　　　『伝熱工学（第 2 版）』森北出版（2005）
　　　　など．

現象から学ぶ燃焼工学　　　　　　　　　　　　　　　© 田坂英紀　2007
2007 年 7 月 17 日　第 1 版第 1 刷発行　　【本書の無断転載を禁ず】
2016 年 9 月 1 日　第 1 版第 4 刷発行

著　者　田坂英紀
発行者　森北博巳
発行所　森北出版株式会社
　　　　東京都千代田区富士見 1-4-11（〒102-0071）
　　　　電話 03-3265-8341／FAX 03-3264-8709
　　　　http://www.morikita.co.jp/
　　　　日本書籍出版協会・自然科学書協会　会員
　　　　JCOPY ＜(社)出版者著作権管理機構　委託出版物＞

落丁・乱丁本はお取替えいたします　　印刷／太洋社・製本／協栄製本

Printed in Japan ／ ISBN978-4-627-67301-4